中国质量认证中心培训系列教材
检测能力建设系列丛书

电子电器产品电磁兼容通用要求

中国质量认证中心 ◎ 编

· 北 京 ·

图书在版编目（CIP）数据

电子电器产品电磁兼容通用要求／中国质量认证中心编．—北京：中国市场出版社有限公司，2020.9

（检测能力建设系列丛书）

ISBN 978-7-5092-1924-9

Ⅰ．①电… Ⅱ．①中… Ⅲ．①电子产品–电磁兼容性 ②电器–产品–电磁兼容性 Ⅳ．①TN03

中国版本图书馆 CIP 数据核字（2020）第 041622 号

电子电器产品电磁兼容通用要求

DIANZI DIANQI CHANPIN DIANCI JIANRONG TONGYONG YAOQIU

| 编　　者：中国质量认证中心 |
| 责任编辑：宋　涛 |

出版发行：中国市场出版社

社　　址：北京市西城区月坛北小街 2 号院 3 号楼（100837）

电　　话：（010）68034118／68021338

网　　址：http：∥www.scpress.cn

印　　刷：河北鑫兆源印刷有限公司

规　　格：170mm×240mm　　1/16

印　　张：16.25　　　　　　字　　数：250 千字

版　　次：2020 年 9 月第 1 版　　印　　次：2020 年 9 月第 1 次印刷

书　　号：ISBN 978-7-5092-1924-9

定　　价：58.00 元

版权所有　侵权必究　　印装差错　负责调换

编审委员会

主　编：陆　梅

副主编：曾广峰　陈之莹

编写组：（按姓氏笔画排序）
　　　　尹海霞　卢炎汉　吕清哲　李思雄　赵润生　胥　凌

审定组：（按姓氏笔画排序）
　　　　朱埔达　刘　江　李伯宁　杨　辉　吴　蔚　宋　航
　　　　林棠华　钟　山　徐　军

顾　问：陈　伟　曲宗峰

前 言

"检测能力建设系列丛书"是中国质量认证中心针对当前检测行业发展的新机遇，根据培养检测从业人员、提升检测机构技术能力、推动检测行业发展的需要，组织行业内专业人士编写的一部系列丛书。

《电子电器产品电磁兼容通用要求》是系列丛书之一，本书介绍了电磁兼容基本概念、电磁兼容基础知识，以及电子电气设备、通讯终端、汽车电子等产品涉及的电磁兼容检测标准要求、检测原理及检测方法，并介绍了相关的电磁兼容设计基础知识。

本册共五章。第一章"电磁兼容概念"，用通俗易懂的方式介绍电磁兼容的定义、电磁骚扰对日常生活的影响、电磁兼容控制的重要意义等。第二章"电磁兼容基础理论"主要介绍电磁干扰的数学描述方法、物理模型、传导干扰及辐射干扰相关基础理论、常用的测量单位及换算等概念。第三章"电磁兼容测量"介绍电磁兼容测量场地及测量设备的要求，各类电磁兼容测量项目的测量原理、测量方法及试验布置的要求。第四章"电磁兼容测量标准"介绍电磁兼容相关标准构成体系、国际/国内电磁兼容测量标准、有关国家或地区电磁兼容指令等。第五章"电磁兼容设计基础"介绍电子电气产品电磁兼容控制基础知识，含电磁兼容控制方法、产品设计关注重点等。

本书来自编者多年来的电磁兼容理论研究、检测实践、分析和培训的知识与经验的积累和总结。通过系统地梳理并结合多年来大量一线检测经验和实例编写完成，内容力求通俗易懂，图文案例丰富。

本书可作为检测专业在校学生、电磁兼容检测从业人员的工具书和培训教材。

本书在编写过程中得到了有关部门、领导和人员的大力支持，在此一并表示感谢。

编审委员会
2020 年 1 月

| 目 录 |

第一章 电磁兼容概念

引 言 /003

第一节 电磁兼容定义 /004

  一、电磁兼容定义 /004

  二、电磁兼容基本名词术语 /004

第二节 电磁兼容三要素 /009

  一、电磁骚扰源 /009

  二、传输途径 /010

  三、敏感设备 /011

第三节 电磁兼容学科研究的内容 /011

  一、电磁骚扰特性及其传播方式的研究 /011

  二、电磁兼容测量技术 /012

  三、电磁兼容分析预测 /012

  四、电磁兼容设计 /013

  五、电磁兼容抑制技术 /013

  六、与电磁兼容相关的新兴学科 /014

第四节　电磁兼容的重要性及发展　/015

一、电磁兼容在国防工业中的重要性　/015

二、电磁兼容在日常生活中的重要性　/015

三、电磁兼容学科的发展　/016

四、电磁干扰及其危害　/018

第二章 | 电磁兼容基础理论

第一节　电磁干扰、电磁兼容使用变量及关系　/027

一、电磁干扰　/027

二、电磁兼容使用变量及其之间的关系　/029

第二节　电磁干扰传播途径　/030

一、辐射途径　/030

二、传导途径　/030

三、感应耦合途径　/030

第三节　电磁骚扰的传播　/032

一、电磁噪声的频谱　/032

二、电磁干扰的幅度（电平）　/033

三、电磁干扰的波形　/033

四、电磁干扰的出现率　/034

第四节　传导干扰　/034

一、低频域传输线路　/034

二、低频域的集中参数电路　/035

三、高频域的分布参数电路　/036

第五节　辐射干扰　/037

一、辐射干扰源及场区划分　/038

二、辐射干扰的物理模型 /043

第六节　电磁兼容测量单位 /046

一、功率 /046

二、电压 /047

三、电流 /048

四、电场强度与功率密度 /048

五、磁场强度 /049

第三章　电磁兼容测量

第一节　场地要求 /057

一、开阔场 /057

二、屏蔽室 /058

三、电波暗室 /060

第二节　设备要求 /062

一、频谱分析仪 /062

二、测量接收机 /063

三、天线 /064

四、人工电源网络 /067

五、线性阻抗稳定网络 /069

六、功率吸收钳 /070

七、谐波仪 /072

八、电压波动与闪烁仪 /074

九、静电放电发生器 /075

十、电快速瞬变脉冲群发生器 /077

十一、浪涌发生器 /079

十二、工频磁场仪　/083

　　十三、电压暂降和短时中断仪　/084

第三节　试验原理与试验方法　/085

　　一、传导连续骚扰　/085

　　二、断续骚扰（喀呖声）　/095

　　三、骚扰功率　/099

　　四、辐射骚扰　/104

　　五、谐波电流　/114

　　六、电压变化、电压波动和闪烁　/119

　　七、静电放电抗扰度试验　/124

　　八、射频电磁场辐射抗扰度试验　/134

　　九、电快速瞬变脉冲群抗扰度试验　/141

　　十、浪涌（冲击）抗扰度试验　/146

　　十一、射频场感应的传导骚扰抗扰度试验　/151

　　十二、工频磁场抗扰度试验　/158

　　十三、电压暂降、短时中断和电压变化抗扰度试验　/163

第四章　电磁兼容测量标准

第一节　标准体系及分类　/169

　　一、国际标准体系及分类　/169

　　二、我国标准体系及分类　/170

第二节　国际标准　/173

　　一、CISPR 制定的国际标准　/174

　　二、TC 77 制定的国际标准　/175

　　三、CISPR 与 TC77 的工作差异　/176

四、欧洲电磁兼容标准　/177

第三节　国家标准　/177

一、标准化组织　/177

二、EMC 国家标准清单　/179

三、我国 EMC 标准发展趋势　/191

第四节　欧洲电磁兼容市场准入要求　/191

一、电磁兼容指令　/192

二、制造商资料要求　/193

三、EMC 协调标准清单　/194

第五节　我国电磁兼容市场准入要求　/198

一、CCC 认证制度　/198

二、CCC 中 EMC 要求　/199

第五章　电磁兼容设计基础

第一节　电磁兼容控制　/205

一、接地技术　/205

二、屏蔽技术　/213

三、滤波技术　/217

四、空间分离　/219

五、时间分隔　/219

六、频率划分和管制　/220

七、电气隔离　/221

第二节　EMC 预估一般方法　/222

一、EMC 预估概述　/222

二、电磁兼容预估的作用　/222

　　　　三、干扰预估分析的一般方法　/223
　第三节　电磁兼容分析和诊断　/225
　第四节　电磁兼容设计要点　/228
　　　　一、电磁兼容设计的三个原则　/229
　　　　二、电磁兼容设计方法　/230
　　　　三、电磁兼容设计要点　/232
　　　　四、一般原则　/233
　　　　五、常用元器件的选择　/236
　　　　六、PCB 的布局和布线　/243

参考文献　/247

第一章
电磁兼容概念

引 言

在人类进入信息化社会的今天，电磁波作为一种资源，已在 0~400GHz 宽频范围内广泛地用于信息技术产品中，如汽车、通信、计算机、家电等产品，并大量地涌入社会和家庭，伴之而来的电磁干扰也就从低频到微波波段无孔不入，给设备或系统甚至生态带来了广泛的以至于严重的影响。

1969 年年底在不到一个月的时间里，当时荷兰、挪威、英国三艘 20 万吨超级油轮洗舱时相继发生爆炸，据查这是由于静电放电（ESD）引发的；在石油、化工、粉体和炸药生产、加工的过程中，由于 ESD 火花引发的恶性事故也时有发生。在烟花、爆竹、弹药、火工品生产领域，因静电放电造成的恶性事故更是触目惊心：如 1984 年春，山西省太原市北郊烟花厂，因静电放电引发的燃烧爆炸造成厂毁人亡的重大恶性事故，死伤人数几乎占当天出勤人数的一半，整个工厂被毁。

2000 年 9 月 20—21 日，北京大范围遭雷击，雷击破坏首都机场、延庆等多个单位的计算机、通信等设备，造成大量经济损失。

2011 年 7 月 23 日甬温线特别重大铁路交通事故，两列车追尾造成 40 死 200 多伤，铁道部公布的事故原因为信号指示灯遭雷击，导致本来应显示红灯而错误显示为绿灯，值班人员对事故敏感度不强，酿成事故。

某医院在一次手术中，一台塑料焊接机对病人的监控系统产生了干扰，致使没有探测到病人手臂中的血液循环停止，后来这位病人的手臂只得切除掉。一位患者躺在电动手术台上做手术，手术过程中使用了高频电刀，其辐射导致手术台整个掀起，造成医疗事故。经过研究分析最终发现，这就是医疗器械之间电磁不兼容造成的。

由上可见，电磁环境的恶化，会导致多方面的后果，这就使得加强产品的电磁兼容设计、提升电磁兼容的抗干扰能力、降低骚扰、保护环境显得更加重要。

第一节　电磁兼容定义

一、电磁兼容定义

电磁兼容（electromagnetic compatibility）的定义有多种，在相应的国家标准及国家军用标准中都有相应的规定。

国家标准 GB/T 4365—2003《电磁兼容术语》中对电磁兼容（EMC）定义为"设备或系统在其电磁环境中能正常工作且不对该环境中任何事物构成不能承受的电磁骚扰的能力"。

国军标（GJB 72A—2002）中给出电磁兼容的定义是：

设备、分系统、系统在共同的电磁环境中能一起执行各自功能的共存状态。包括以下两个方面：

a. 设备、分系统、系统在预定的电磁环境中运行时，可按规定的安全裕度实现设计的工作性能且不因电磁干扰而受损或产生不可接受的降级；

b. 设备、分系统、系统在预定的电磁环境中正常地工作且不会给环境（或其他设备）带来不可接受的电磁干扰。

行业中通常理解为：电磁兼容是研究在有限的空间、时间、频谱资源下，各种用电设备（广义的还包括生物体）可以共存，并不致引起降级的一门科学。

在以上的各定义中，都涉及"电磁环境"这一概念。

二、电磁兼容基本名词术语

1. **电磁环境** electromagnetic environment

存在于给定场所的所有电磁现象的总和。

2. **无线电环境** radio environment

a. 无线电频率范围内的电磁环境。

b. 在给定场所内所有处于工作状态的无线电发射机产生的电磁场总和。

注：本名词与电磁环境区别之处主要在于频率范围。在频谱方面，由国际电联（ITU）已经规划的可以利用的无线电频谱在 10kHz～400GHz 之间。频率再低则进入声频，而再高则进入光波。而电磁现象则包括所有频率，除包括无线电频率之外，还包括所有低频与直流电磁现象等。

3. **电磁辐射** electromagnetic radiation

a. 能量以电磁波形式由源发射到空间的现象。

b. 能量以电磁波形式在空间传播。

4. **电磁噪声** electromagnetic noise

一种明显不传送信息的时变电磁现象，它可能与有用信号叠加或组合。

5. **无用信号** unwanted signal，undesired signal

可能损害有用信号接收的信号。

6. **干扰信号** interfering signal

损害有用信号接收的信号。

注：比较以上两条术语可见，差别仅在于"无用信号"是"可能损害……"，而干扰信号是"损害……"。表明无用信号在某些条件下还是无害的，而干扰信号在任何情况下都是有害的。

7. **电磁骚扰** electromagnetic disturbance

任何可能引起装置、设备或系统性能降低或对有生命或无生命物质产生损害作用的电磁现象。

注：电磁骚扰可能是电磁噪声、无用信号或传播媒介自身的变化。

8. **电磁干扰** electromagnetic interference—EMI

电磁骚扰引起的设备、传输通道或系统性能的下降。

注：由以上两个术语可见，电磁骚扰仅仅是指客观存在的一种电磁现象，它可能造成损害，但不一定已经形成后果。而电磁干扰是由电磁骚扰引起的后果。

9. **（对骚扰的）抗扰度** immunity（to a disturbance）

装置、设备或系统面临电磁骚扰不降低运行性能的能力。

10. **电磁敏感性** electromagnetic susceptibility—EMS

有电磁骚扰的情况下，装置、设备或系统不能避免性能降低的能力。
注：敏感度高，抗扰度低。

11. **（骚扰源的）发射电平** emission level（of a disturbing source）

由某装置、设备或系统发射所产生的电磁骚扰电平。

12. **（来自骚扰源的）发射限值** emission limit（from a disturbing source）

规定的电磁骚扰源的最大发射电平。

13. **发射裕量** emission margin

电磁兼容电平与发射限值之比。

14. **抗扰度电平** immunity level

将某给定电磁骚扰施加于某一装置、设备或系统而其仍能正常工作保持所需性能等级时的最大骚扰电平。

15. **抗扰度限值** immunity limit

规定的最小抗扰度电平。

16. **抗扰度裕量** immunity margin

抗扰度限值与电磁兼容电平之比。

17. **（电磁）兼容裕量**（electromagnetic）compatibility margin

装置、设备或系统的抗扰度限值与骚扰源的发射限值之间的差值。

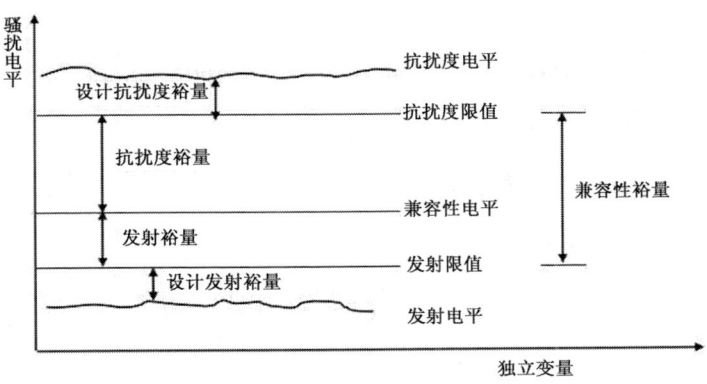

图 1-1　各电平之间的关系

18. 脉冲 pulse

在短时间内突变，随后又迅速返回其初始值的物理量。

19. 脉冲骚扰 impulsive disturbance

在某一特定装置或设备上出现的、表现为一连串清晰脉冲或瞬态的电磁骚扰。

20. 连续骚扰 continuous disturbance

在一个特定设备的效应不能分解为一串清晰可辨的脉冲的电磁骚扰。

21. 骚扰抑制 disturbance suppression

削弱或消除骚扰的措施。

22. 传导骚扰 conducted disturbance

通过一个或多个导体传递能量的电磁骚扰。

23. 辐射骚扰 radiated disturbance

以电磁波的形式通过空间传播能量的电磁骚扰。

24. 骚扰电压 disturbance voltage

在规定条件下测得的两分离导体上两点间由电磁骚扰引起的电压。

25. **骚扰场强** disturbance field strength

在规定条件下测得的给定位置上由电磁骚扰产生的场强。

26. **骚扰功率** disturbance power

在规定条件下测得的电磁骚扰功率。

27. **受试设备** equipment under test —EUT

承受电磁兼容性（EMC）符合性（发射）试验的设备（装置、器具和系统）。

28. **辅助设备** associated equipment

a. 与测试接收机或（试验）信号发生器连接的传感器（例如：探头、网络和天线）。

b. 连接在受试设备（EUT）或（试验）信号发生器之间，用来传送信号或骚扰的传感器（例如：探头、网络和天线）。

29. **测试场地** test site

在规定条件下能满足对受试装置发射的电磁场进行正确测量的场地。

30. **人工电源网络** artificial mains network

串接在受试设备电源进线处的网络。它在给定频率范围内，为骚扰电压的测量提供规定的负载阻抗，并使受试设备与电源相互隔离。

31. **吸收钳** absorbing clamp

能沿着设备或类似装置的电源线移动的测量装置，用来获取设备或装置的无线电频率的最大辐射功率。

第二节 电磁兼容三要素

电磁环境是存在于给定场所的所有电磁现象的总和。"给定场所"即空间;"所有电磁现象"包括了全部时间与全部频谱。所以,电磁环境的三个要素是空间、时间与频谱。电磁兼容是研究电磁干扰的学科,其三个要素是:电磁骚扰源、传输途径、敏感设备。示意图如图1-2所示。

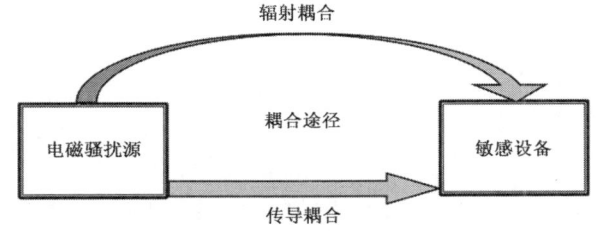

图1-2 电磁兼容三要素示意图

汽车中的发动机电刷产生电弧放电是骚扰源,敏感设备是收音机,传播途径有通过端子的辐射途径,有通过电源线和地线的传导途径,车载收音机在车辆点火时会受到干扰的情况经常出现。

一、电磁骚扰源

电磁骚扰可能是电磁噪声、无用信号或传播媒介自身的变化。电气设备运行中经常产生的放电噪声、浪涌噪声、振荡噪声等,不带有任何有用信息。无用信号是指一些功能性的信号,如广播、电视、雷达等本身是有用信号,但如果干扰其他设备的正常运行,则对被干扰的设备而言它们就是"无用信号"。

骚扰源的种类很多,大致分为自然骚扰源和人为骚扰源。自然骚扰源:来自银河系的噪声;来自太阳系的噪声;来自大气层的,如雷电、电离层变动等;静电放电(ESD);热噪声。

人为骚扰源：工业、科学、医疗射频设备（ISM）；高压电力系统；电牵引系统；内燃机点火系统；电视、声音广播接收机；家用电器；电动工具；信息技术设备；大型电动机、发电机；核爆炸以及通信、导航、定位、遥控……无线电业务发射机。

电磁骚扰源分类方法很多，按照传播途径分类有传导骚扰和辐射骚扰；按照传播介质分类有电场骚扰、磁场骚扰、电磁场骚扰；按照波形分类有正弦波骚扰、脉冲骚扰和准脉冲骚扰；按照频带宽度分类有宽带骚扰和窄带骚扰；按照幅值分类有稳态骚扰和暂态骚扰；按照传输线中电流相位分类有共模骚扰和差模骚扰等。

二、传输途径

骚扰的传输途径有通过空间辐射和导线传导，即辐射发射和传导发射。

当我们开空调时，室内的荧光灯会出现瞬间变暗的现象，这是因为大量电流流向空调，电压急速下降，利用同一电源的荧光灯受到影响。在使用吸尘器时，收音机会出现啪啦啪啦的杂音，这是吸尘器的马达产生的微弱（低强度高频的）电压/电流变化通过电源线传递进入收音机，以杂音的形式播放出来。这种由一个设备中产生的电压/电流通过电源线、信号线传导并影响其他设备时，将这个电压/电流的变化叫作"传导干扰"。通常采用的方法是给发生源及被干扰设备的电源线等安装滤波器，阻止传导干扰的传输。

当摩托车从附近道路通过时，电视会出现雪花状干扰。这是因为摩托车点火装置的脉冲电流产生了电磁波，传到空间再传给附近的电视天线、电路上，产生了干扰电压/电流。这种通过空间传播，并对其他设备电路产生无用电压/电流，造成危害的干扰称为"辐射干扰"。由于传播途径是空间，解决辐射干扰的方法除前面所讲的滤波之外，还要对设备进行屏蔽方能有效。

三、敏感设备

敏感设备即指受干扰设备。其受到干扰的程度用敏感度来表示。所谓敏感度指敏感设备对干扰呈现的不希望有的响应程度。敏感度越高，抗扰能力越差；敏感度越低，抗扰能力越强。

在实际工作中，两个设备之间产生干扰通常包括许多种途径的耦合，既有传导耦合，也有辐射耦合；同时电磁发射设备内部也会包含敏感部分，电磁敏感设备内部也会包含电磁发射源，它们不但会在设备内部形成相互干扰，而且也会形成设备间的相互干扰，从而使干扰现象变得更为复杂。

根据形成电磁干扰的三要素可知，要实现产品的电磁兼容，须从三个方面着手：抑制电磁骚扰源；切断电磁骚扰传播途径；提高电磁敏感设备的抗干扰能力。

第三节 电磁兼容学科研究的内容

电磁兼容学科包含的内容十分广泛，实用性很强。几乎所有的现代工业包括电力、通信、交通、航天、军工、医疗、消费电子等都必须解决电磁兼容问题，电磁兼容学科研究领域包括以下几个方面：

一、电磁骚扰特性及其传播方式的研究

人们为了有效地控制电磁骚扰，需要研究电磁干扰产生的机理、电磁骚扰源传播到敏感设备的路径，研究敏感设备对电磁骚扰产生何种响应，如何抑制电磁骚扰源的发射，如何提高敏感设备的抗干扰能力。

随着电子技术的发展和生产工艺的提高，各种各样的家用电器层出不

穷，结构也日趋复杂。典型的家用电器主要包括空调、冰箱、洗衣机、电风扇、电磁灶、微波炉等，尤其是带微处理器的空调、洗衣机等会产生不同程度的电磁干扰，也会承受到电磁干扰的侵袭。比如电磁炉工作之后，向电网就会发射一些电磁干扰信号，其他用电设备，包括洗衣机、空调、电视机等都有可能接收到电磁炉产生的干扰信号，导致出现一些故障，如洗衣机出现中断、电视机信号故障等，其主要原因是产品的电磁兼容设计不合理，高频的尖脉冲会造成微处理器程序混乱、死机，导致非预期的误动作，通过电磁骚扰特性及其传播方式的研究，相应问题可迎刃而解。

二、电磁兼容测量技术

为了判断电子设备或系统的电磁兼容性能，需要通过测量结果来实现。电磁兼容测量技术涉及测试场地、测试设备、测量方法的研究。随着科学技术的发展，电磁兼容和规范的研究制定更新，也需要测量技术的支撑与验证。

国际上很多组织涉及电磁兼容领域的研究，如国际电工委员会（IEC）、国际无线电干扰特别委员会（IEC/CISPR）、IEC 第 77 技术委员会（IEC/TC 77）、欧洲电工标准化委员会（CENELEC）、国际电信联盟（ITU）、国际铁路联盟（UIC）、国际大电网会议（CIGRE）等，其在各自专业领域发布标准或规范，其中欧盟以指令（Directive-DIR）方式发布电磁兼容强制性要求，不符合 EMC 指令要求的将被责令从市场上撤出，持续违反者将受到重罚。为了与国际接轨，中国推行的强制性产品认证制度对电磁兼容也有适用要求，电磁兼容测量技术可确保我国出口产品符合国际化的要求，防止不符合 EMC 标准的产品进入中国市场，进而改善电磁环境。

三、电磁兼容分析预测

电磁兼容分析预测技术是将电磁兼容三要素（电磁骚扰源、传输途径、敏感设备）利用计算机程序，通过建模和计算边界条件得出潜在干扰的定量计算结果，以此来指导或修正电磁兼容设计。分析预测通常建立在芯片级的分析预测、设备级的分析预算、系统级的分析预测。20世纪60年代末期，电磁兼容预测技术在美国首先开展研究，随着航空航天工程应用的实践，七八十年代预测技术得到了迅速发展。美国对外公布的预测软件IEMCAP（系统内电磁兼容分析程序）和SEMCAP（系统间电磁兼容分析程序），是美国研制电磁兼容预测技术的程序原型。目前常用的EMAS、ARIES、UWAVELAB等软件在电磁兼容某个方面起到作用，具体应用时还需综合分析。

四、电磁兼容设计

电磁兼容设计目的是降低电路间相互干扰，达到预期功能；设备产生的电磁干扰强度低于特定的极限值；设备对外界的电磁干扰有一定的抵抗力。研究电磁兼容设计，可以改善费/效比。所谓费/效比，就是对采取的各种电磁兼容措施形成的成本和效能的分析比较，如果工程中满足高性能指标时，达到了花费少的目的，就获得了很好的费/效比。为了使产品成为商品之前就符合相应的电磁兼容标准，在开发过程中进行必要的电磁兼容设计将极大地有利于产品自身性能的稳定和质量的提高，更能节约成本。

五、电磁兼容抑制技术

屏蔽、接地、滤波被称为抑制电磁干扰的三大技术，在工程实践中被广泛应用。屏蔽的机理和设计、接地的概念和方法、滤波器的设计和使用都是电磁兼容抑制技术研究的内容。电磁兼容抑制技术与电磁兼容设计的同时进行，是现代并行工程的组成内容之一。

六、与电磁兼容相关的新兴学科

地震电磁学是基于在对地震过程中电磁现象的变化机理研究而形成的一门学科。通过对地震孕育过程和地震过程中电磁的不同变化来分析地壳运动规律，总结相关经验和信息，来预测地震进行指导。

信息技术设备的电磁泄漏和防电磁泄漏，即通常所说的 TEMPEST 技术，是一种计算机信息的窃取与反窃取的高尖端技术，其更是对未来具有影响力的军事高科技之一。

频谱工程的研究是随着技术的不断进步，各种无线电系统大量增加，占用频谱范围不断扩张，出现新的矛盾。国际组织制定了无线电规则和国际电信公约，从频谱管理的角度需研究：频率的支配，短期兼容规划，频谱利用政策，为压缩频谱而改进的设备技术规程，解决过载和实际工作中发生的干扰，频谱管理的自动化系统和无线电监测管理系统和技术等。

基于电磁学研究的人工电磁超材料具有自然界材料所不具备的电磁参数，并且拥有可设计性和可灵活调节性质，可实现对电磁波传播性能进行新的调控，是近年来的研究热点。运用人工电磁超材料调控电磁波传播的功能器件，包括非对称电磁波传输器件、可调节电磁波吸波结构、电磁波极化调制器件、磁性光子晶体、磁性左手材料和基于超导薄膜的太赫兹人工电磁超材料，这些器件运用人工超材料的特殊物理特性和参数可设计性，具有全新的功能和优势，有效提高了对电磁波的调控能力。5G 网络运用毫米波进行通讯，而 6G 网络有望运用太赫兹技能。太赫兹频段具有海量的频谱资源，可用于超宽带超高速无线通信。太赫兹人工电磁超材料，具有全新的功能和优势，有效提高了对电磁波的调控能力。

第四节　电磁兼容的重要性及发展

战争史上，由于电磁兼容性问题导致武器装备作战效能得不到发挥甚至遭到破坏的事例并不鲜见。如今，随着武器装备电子装备的日益增多，电磁兼容问题越来越突出。现代直升机所装备的电子设备包括通信设备、导航设备、雷达设备等，使得机载电磁环境非常复杂，加上还有来自然界及机外的电磁信号，可能将影响到直升机机载电子设备的正常工作。为了适应未来作战的需要，还要继续对部分电子设备进行加改装，比较突出的问题是整个电子系统的电磁兼容性控制比较复杂，甚至出现了干扰的问题。为了保证直升机各种电子设备和武器系统正常工作并完成直升机的战斗使命，必须控制电磁干扰，妥善解决电磁兼容问题。

一、电磁兼容在国防工业中的重要性

20 世纪 60 年代中期，美海军驱逐舰舰载遥控反潜直升机，由于受到舰载对空搜索雷达的电磁干扰而损失了很多架以后，被迫退出战斗。

20 世纪 70 年代，美国研制的"防空计算机系统"在运行过程中，曾两次发出"苏联要袭击美国"的紧急警报，致使基地的导弹推出弹井且顶上了发射架，轰炸机、战斗机也发动起来了，士兵爬上了运兵车，作好了战斗准备。场面顿时一片混乱，如临大敌。后来中心控制室发现，是中心计算机受电磁骚扰产生了误触发，结果是一场虚惊。

二、电磁兼容在日常生活中的重要性

电磁学的发展是基于两个重要的实验发现，即电流的磁效应和变化的磁场的电效应。人类利用磁针在地球磁场的作用下保持磁子午线切线的方向，制作了指南针。现代文明中发明的电磁炉，是利用电子线路板组成部分产生交变磁场，当含铁质锅具底部放置炉面时，锅具即切割交变磁力线而在锅具底部金属部分产生交变的电流，其可使锅具铁原子高速无规则运动互相碰撞、摩擦产生热能，来加热和烹调食物。电磁炉具有升温快、热效率高、无明火无烟尘、无有害气体、体积小等优点，能完成家庭绝大多数烹饪任务。

工业用途的电磁起重机是利用电磁原理搬运钢铁物品的机器，接通电流，电磁铁把钢铁物品牢牢吸住，吊运到指定地方；切断电流，磁性消失，钢铁物品就放下来。电磁起重机可提起16吨的物体，可以用在钢铁回收和炼制钢铁的车间。

三、电磁兼容学科的发展

在人类尚未发明发电机和使用电能之前，地球上就已经存在自然界的电磁现象。1831年8月，法拉第在软铁环两侧分别绕两个线圈，其一为闭合回路，在导线下端附近平行放置一磁针；另一与电池组相连，接开关，形成有电源的闭合回路。实验发现，合上开关，磁针偏转；切断开关，磁针反向偏转，法拉第由此发现电磁感应现象，指出变化的磁场在导线中产生感应电动势。

1864年12月8日，麦克斯韦发表了《电磁场的动力理论》这一著名论文，建立了描述电磁场变化规律的麦克斯韦方程组及相关的理论。德国物理学家赫兹在柏林大学随赫尔姆霍兹学物理时，受赫尔姆霍兹之鼓励研究麦克斯韦电磁理论，决定以实验来证实麦克斯韦理论的正确。

1885年，赫兹开始用感应圈的仪器进行试验，他把这个装置称为振荡偶极子。直到1887年的一天，赫兹给振荡偶极子输入高压脉冲电流，在暗室中共振偶极子间出现微弱的火花在两个铜球之间不断地跳跃，由此初次观察到电磁振荡在空间传播。1888年，赫兹成功地通过实验验证了电磁波的速率等于光速，还进行了关于电磁波的反射、聚焦、折射、衍射、干涉、偏振等实验，验证了麦克斯韦的理论。赫兹应用电磁振荡的方法证实了电磁波的客观存在，并证明了电磁波和光波具有共同特性，开始了人类对电磁干扰问题的实验研究。

1889年，俄国科学家波波夫多次重复了赫兹的实验，并提出"电磁波可以用来向远处发送信号"。1894年，波波夫改进了赫兹的实验装置，利用撒了金属粉末的检波器，通过架在高空的导线，记录了大气中的放电现象。这是世界上第一台无线电接收机。1896年，马可尼与波波夫几乎同时实现了利用无线电波的通信。

1898年，马可尼进行了许多实验，证明了光是电磁波的一种，而且发现了更多形式的电磁波，它们的本质完全相同，只是波长和频率有很大差异。电磁兼容则是伴随着无线电波的利用而出现的。

进入20世纪，人们首先将无线电波用于无线电声音广播。在20年代出现了大量的无线电广播电台。不久，人们就发现这些电台的信号有时被干扰。为避免商品贸易和无线电业务中出现障碍，在规定无线电干扰测试方法和限值方面保证有统一性，1934年6月28—30日在巴黎开会成立了国际无线电干扰特别委员会（CISPR）。

1944年，德国电气工程师协会制订了世界上第一个电磁兼容性规范VDE0878。美国在1945年颁布了美国最早的军用规范JAN-I-225，及一系列电磁兼容方面的军用标准和设计规范，并不断加以充实和完善，使得电磁兼容技术得到快速发展。苏联在1948年制订了"工业无线电干扰的极限允许值标准"。有很多研究单位从事抗干扰的研究。其他国家也已相继加强了射频干扰的研究工作。

早期的专门刊物——美国的 *Radio Frequency Interference* 是有关射频干扰的专门刊物。到1964年，随着专刊内容范围的增加，改名为 *EMC* 专刊。

我国开展EMC工作较晚，与先进国家差距较大，尤其是管理规范和涉及规范很缺乏。最早的干扰标准是1966年6月原第一机械工业部制定的部级标准JB 854-66《船用电气设备工业无线电干扰端子电压测量方法及允许值》,随着 1986 年 6 月 20 日颁布的 GJB 151-86《军用设备和分系统电磁发射和敏感度要求》,电磁兼容问题逐步引起重视,技术水平提高很快。近年来电磁兼容学术组织纷纷成立,各地建立 EMC 实验室,引进先进的 EMI、EMS 自动测量系统和设备,成立国家级 EMC 测量中心,具备各种 EMC 测量和试验能力。

四、电磁干扰及其危害

在人类进入信息化社会的今天,电磁波作为一种资源已在 0~400GHz 宽频范围内广泛地用于信息技术产品中,如汽车、通信、计算机、家电等产品,大量地涌入社会和家庭。伴之而来的电磁干扰也就从低频到微波波段,无孔不入地辐射或传导至运行中的子设备或系统以及周围的环境,给设备或系统甚至生态带来了越来越严重的危害。

1. "土星 5 号"运载火箭——"阿波罗 12 号"事件

1969 年 7 月 20 日,"阿波罗 11 号"升空,两名美国宇航员乘坐登月舱降落在月球上,成为首次踏上月球的人类。四个月后,1969 年 11 月 14 日,"阿波罗 12 号"飞船携带三名勇敢的航天员,乘着巨大的"土星 5 号"运载火箭从美国西海岸的卡纳维拉尔角发射场腾空而起,随着飞行速度的加快,火箭远离人们的视线,逐渐消失在云中。起飞 36.5 秒时飞行高度 1920 米,地面人员突然发现,在火箭空中的消失点与地面之间出现了蓝色的闪电,几乎同时,三名航天员也看到闪电,就在出现闪电的瞬间,飞船上的燃料电池突然断电,飞行平台失控,地面飞行控制中心骤然失去了全部遥测信号。飞行 52 秒时飞行高度 4300 米,火箭又遭到第 2 次雷击。突然出现的一系列故障给这次飞行任务带来了巨大的危险,这时航天员立即进入了紧急动作状态,他们先将电源切换到备用电池上恢复供电,然后逐一排除了燃料电池及其他系统出现的故障,最终火箭恢复了正常,避免了一次重大事故。

事后的调查表明，导致火箭故障的原因是火箭受到了闪电"袭击"，而引发闪电的正是厚厚的云层和火箭自己。由于巨大的"土星5号"火箭本身是一个导电体，而它喷出的火焰气流中有许多具有导电性的离子，这使"土星5号"火箭与长长的火焰形成一根在云层中运动的数百米长的导体，它在云层中诱发了可怕的闪电，闪电使火箭出现一系列故障。幸好这次事故被很快地排除了。而有些由于雷电引起的事故并没有这么幸运，20世纪60年代，美国和欧洲都发生过因受到闪电或雷击的破坏，火箭和导弹在空中炸毁的悲剧。

实际上，过厚的云层对火箭发射是有很大影响的，尤其是积雨云对火箭发射的安全威胁很大，火箭在穿过积雨云时可能会受到雷击。此外，火箭在高速通过厚厚的云层时，可能会与冰晶、水滴、气溶胶微粒摩擦产生静电，并在火箭外壳中产生有害的电流；如果出现火花放电现象，放电造成的干扰脉冲有可能使控制系统计算机发生故障。所以，如果发射区上空有过厚的云层，或者下大雨，此时不应发射飞船或卫星。在"阿波罗12号"飞船发射出现事故之后，美国做出了一系列规定，其中就有火箭飞行穿透的云层厚度不得超过1700米。

2. 英国"谢菲尔德号"导弹驱逐舰惨剧

1982年5月4日的大西洋马尔维纳斯群岛以南海域，阿根廷空军侦察情报系统发现了正在这里巡逻的英军"谢菲尔德号"导弹驱逐舰。"谢菲尔德号"号称"英国舰队的骄傲"，它是大英皇家海军首批实现了动力和武器系统集中控制的先进战舰，属于主力战舰之列，在马岛作战中更是英国海军的核心进攻力量所在。因此，阿军指挥部立刻命令3架"超级军旗"攻击机携带"飞鱼"导弹，由巡逻机引导，果断向目标出击。在到达英军远程雷达警戒区后，机群中两架"超级军旗"关闭机载雷达，飞行高度降至40～50米，以900公里的时速向目标接近。剩下的1架采取伴动作，迅速拔高，精确定位"谢菲尔德号"航向、距离、航速等参数，并将数据及时发送给下面两架超低空飞行的攻击机组。就在阿根廷空军的攻击机编队飞来的同时,"谢菲尔德号"驱逐舰正在与伦敦总部进行例行的卫星通信报告。由于军舰的电磁兼容性不是很理想,防御雷达系统对卫星通信信号造成了一定影响,通讯官向舰长请求,关闭远程对空警戒雷达以减少对卫星通信的干扰。正巧就在"谢菲尔德号"这短暂的远程雷达关闭时段,那两架阿军攻击机正在飞速向它迫近,阿军飞行员将飞行高度降到了50米以下的"近距离雷达盲区",几乎是掠着海面的波浪在疾驰。

在距"谢菲尔德号"46公里处时,攻击机组突然跃升至150米,同时启动机载雷达,迅速锁定了目标,电光石火间,两枚"飞鱼"式反舰导弹一跃而出,直扑"谢菲尔德号"。关闭了远程对空警戒雷达的"谢菲尔德号"直到"飞鱼"导弹进至其5公里的目视距离中时,值勤舰员才发现了危险,紧急向舰长报告。此时的"飞鱼"距目标仅仅剩下了6秒飞行时间,尽管舰长急呼"紧急规避",并迅速启动密集防御系统向来袭导弹射击,但是一切都为时已晚。两枚"飞鱼"导弹结结实实地命中目标,击穿了"谢菲尔德号"的舰舷,弹头在舰体内轰然炸响。顿时,"谢菲尔德号"烟雾弥漫,火光冲天,陷入了瘫痪状态,舰长下令弃舰,英军伤亡失踪共78人。6天后,这艘排水量3200吨、造价高达两亿美元的英国最先进的军舰,就在拖回英国的途中沉入了大西洋底。

3. "民兵I"导弹飞行故障

"民兵I"导弹的遥测试验弹多次发射成功后,1962年开始进行战斗弹状态的飞行试验。前后两发导弹均遭到失败,其故障现象相似,在炸毁前,两发导弹的制导计算机均受到脉冲干扰而失灵。经过分析,故障是由于导弹飞行到一定高度时,在相互绝缘的弹头结构与弹体结构之间出现了静电放电,它产生的骚扰脉冲破坏了制导计算机的正常工作。

4. 医疗设备失灵

手机对人工心脏起搏器的影响早在1992年就初见报道,其电磁干扰对起搏器的反应有起搏时被抑制、起搏器参数改变等，因此临床医生建议安装起搏器病人不要将开着的手机放在胸部或上装靠近起搏器的口袋里，手机天线不要对着起搏器接插口处等。

1998年美国得克萨斯州有两家医院使用的无线医疗远程监护设备受到干扰而停止工作。

2000年，日本一家医院在输液抢救一名老年病人时，输液泵受到手机的无线电发射干扰而失控，停止输液。

5. 干扰其他电器

在1996年9月对国产微型计算机抽查结果的报告中显示，合格率仅为61.5%。电源端子传导骚扰测量不合格成为最突出的问题。电源端子传导骚扰是用来衡量电子产品在运行过程中对整个电网发送电子干扰信号大小的一个概念。电子产品在用电时都会对电网发出干扰信号，如果干扰信号过大，就会影响整个电网的用电质量，从而干扰到其他电器的正常运行。

6. 信息泄露

信息技术设备的电磁泄漏威胁着信息安全。在网络时代，信息泄漏被认为是对网络安全的最大威胁。但是，计算机的键盘、显示屏等都会使信息通过辐射泄漏出去。这就是所谓的 TEMPEST 现象。更精确的定义是指电子信息设备通过电磁能量发射产生了信息的泄漏。美国曾有人在纽约做过试验，将辐射信号截获设备"数据扫描器"装在汽车上，从曼哈顿南端的贝特利公园，沿华尔街缓行，对沿途的海关大楼、联邦储备银行、世界贸易中心、市政厅、警察总局、纽约电话局以及联合国总部等单位正在工作的计算机进行辐射信号监测。结果惊奇地发现，纽约是一个巨大的信息库。

7. 电磁环境的恶化

电动车没有内燃机车辆的尾气排放，对于改善城市空气质量将是一大革命，是今后城市交通的主导工具。当前无论在全球还是我国都已有投入商业运行的型号。但当人们为它的净化大气环境呼吁的同时，却很少有人去研究其对电磁环境的影响。电动车虽无汽油机的点火系统，但其低电压大电流的驱动系统与控制系统的电磁骚扰不容忽视。早在20年前美国学者就进行过大量的实地测量工作。结果表明，电磁噪声随着汽车流量而增加，电动车对电磁环境的影响问题应该给予充分关注。

8. 电磁辐射对人体健康产生的影响

电磁辐射无色无味无形，可以穿透包括人体在内的多种物质。家用电器、电子设备、移动通信设备等电器装置，只要处于操作使用状态，它的周围就会存在电磁辐射。有人因此将产品电磁辐射产生的污染比喻为"隐形杀手"。长期处于高电磁辐射环境下，可能会对人体健康产生影响，包括心血管系统、视觉系统、生殖系统、循环系统、免疫和代谢功能。

电磁辐射危害人体的机理主要是热效应、非热效应和累积效应等。

（1）热效应：人体70%以上是水，水分子受到电磁波辐射后相互摩擦，引起机体升温，从而影响到体内器官的正常工作。

（2）非热效应：人体的器官和组织都存在微弱的电磁场，它们是稳定和有序的，一旦受到外界电磁场的干扰，处于平衡状态的微弱电磁场即将遭到破坏，人体也会遭受损伤。

（3）累积效应：热效应和非热效应作用于人体后，对人体的伤害尚未来得及自我修复之前（通常所说的人体承受力——内抗力），再次受到电磁波辐射的话，其伤害程度就会发生累积，久之会成为永久性病态，危及生命。

针对我们身边接触到的电磁辐射可能给消费者带来的人身健康威胁，中国消费者协会曾经发出消费警示，提醒广大消费者：

（1）多了解有关电磁辐射的常识，学会防范措施，加强安全防范。

（2）不要把家用电器摆放得过于集中，或经常一起使用，以免使自己暴露在超剂量辐射的危险之中。特别是电视、电脑、冰箱等电器更不宜集中摆放在卧室里。

（3）各种家用电器、办公设备、移动电话等都应尽量避免长时间操作。如电视、电脑等电器需要较长时间使用时，应注意至少每一小时离开一次，采用眺望远方或闭上眼睛的方式，以减少眼睛的疲劳程度和所受辐射影响。

（4）当电器暂停使用时，最好不要让它们处于待机状态，因为此时可产生较微弱的电磁场，长时间也会产生辐射积累。

（5）对各种电器的使用，应保持一定的安全距离。如眼睛离电视荧光屏的距离，一般为荧光屏宽度的 5 倍左右；微波炉在开启之后要离开至少一米远，孕妇和小孩应尽量远离微波炉；手机在使用时，应尽量使头部与手机天线的距离远一些，最好使用分离耳机和话筒接听电话。

（6）消费者如果长期涉身于超剂量电磁辐射环境中，应注意采取以下自我保护措施：

1）居住、工作在高压线、变电站、电台、电视台、雷达站、电磁波发射塔附近的人员，佩戴心脏起搏器的患者，经常使用电子仪器、医疗设备、办公自动化设备的人员，以及生活在现代电器自动化环境中的人群，特别是抵抗力较弱的孕妇、儿童、老人及病患者，有条件的应配备针对电磁辐射的屏蔽防护服，将电磁辐射最大限度地阻挡在身体之外。

2）电视、电脑等有显示屏的电器设备可安装电磁辐射保护屏，使用者还可佩戴防辐射眼镜，以防止屏幕辐射出的电磁波直接作用于人体。

3）手机接通瞬间释放的电磁辐射最大，为此最好在手机响过一两秒后或电话两次铃声间歇中接听电话。

4）电视、电脑等电器的屏幕产生的辐射会导致人体皮肤干燥缺水，加速皮肤老化，严重的甚至会导致皮肤癌，所以，在使用完上述电器后应及时洗脸。

5）多食用一些胡萝卜、豆芽、西红柿、油菜、海带、卷心菜、瘦肉、动物肝脏等富含维生素 A、C 和蛋白质的食物，以利于调节人体电磁场紊乱状态，加强肌体抵抗电磁辐射的能力。

随着人们对电磁环境的重视和科学技术的进步,近年来,又有许多新型的屏蔽织物研制成功,除对个体进行防护外,可根据实际需要,做成窗帘、屏幛,对特殊环境予以防护;做成罩、套,对有关的电磁波辐射源进行屏蔽防护,效果显著。

第二章
电磁兼容基础理论

在上一章中，介绍了电磁兼容的相关基本概念，大体了解了电磁兼容研究的内容是什么，为什么要关注电磁兼容。为了方便大家更深入地了解电磁兼容，有必要对其相关基础知识作进一步的介绍。电磁兼容核心是电磁波，其理论基础涵盖广，包括数学、电磁场理论、天线与电波传播理论、电路理论、信号处理、材料、结构等，由于篇幅所限，本章仅主要介绍电磁干扰的数学描述方法、物理模型、传导干扰及辐射干扰相关基础理论、测量单位及换算等概念。

第一节　电磁干扰、电磁兼容使用变量及关系

一、电磁干扰

1. 电磁干扰的起源

所谓电磁干扰（EMI），就是我们不期望出现的干扰。通常电磁干扰由有用的、无用的、乱真的传导和/或辐射的电磁信号组成，能造成系统或设备的性能发生不允许的降级或恶化。这与电磁骚扰有所不同。电磁骚扰不一定引起电磁干扰，就如我们在日常生活中所使用的移动手机，虽然每一台手机都发射电磁波，但周围其他人也能正常使用手机，不会造成干扰，但是移动手机旁边的一台精密仪器却受到影响，这时对这台精密仪器来说，这就是电磁干扰。

电磁干扰的起源基本上是电气上的，包括传导（电压和/或电流）、感应或辐射（电场和/或磁场）的有害发射。在时域，电磁干扰可以是瞬变的、脉冲的或稳态的。在频域，电磁干扰包含的频率分量范围可从50、60及400Hz的低工频直到400GHz的微波波段。

2. 电磁干扰的影响

电磁干扰的影响在特征和大小上通常是不一样的，有些是简单的烦扰，但有的是巨大的灾难，比如：

——干扰电视机接收质量和无线电接收；

——丢失数字系统或数据传输中的数据；

——因内部装置、分系统或系统出现干扰而扰乱设备的正常生产；

——心脏起搏器突然停止工作；

——汽车的控制系统出现误动作；导航设备方向出现偏差；

——爆炸装置无意引爆，等等。

3. 电磁骚扰概述

电磁骚扰源大致可分为自然骚扰源和人为骚扰源。

（1）自然骚扰源：如来自银河系的电磁噪声，来自太阳系的电磁骚扰，来自大气层的雷电和沉降静电等。导体中的热噪声、半导体及真空器件的散弹噪声也可被认为是自然骚扰源。

（2）人为电磁骚扰源：与电气装置，如汽车点火装置、荧光灯镇流器、核电磁脉冲、数字电路装置、高频振荡电路等有关的电磁噪声源。人为干扰源又可进一步区分为有意的和无意的（偶然的）。

电磁骚扰源还可分为宽带或窄带骚扰。宽带骚扰可以进一步分为相参或非相参的。

（1）宽带电磁骚扰：传导与辐射的电磁信号，其振幅随频率变化（频谱密度函数），其频率范围大于指定感受器的带宽。在宽带噪声环境中，感受器的响应对相参噪声信号而言与其频率带宽成比例，对非相参噪声信号而言与其频率带宽的平方根成比例。宽带信号的频谱密度振幅函数，除了是频率的函数外，还要用指定的带宽来表示。宽带噪声可用数学来定义，换句话说，定义成一个函数，其频谱密度在感兴趣的频率范围内是频率的连续函数。比如，用傅里叶积分描述：

$$F(\omega) = \int_{-\infty}^{+\infty} f(t) e^{-j\omega t} dt \qquad (2-1)$$

（2）窄带电磁骚扰：其振幅随频率变化（频谱密度函数）的频率范围窄于指定感受器的带宽。在窄带噪声环境中，一旦感受器的带宽大于噪声信号的频率范围时，感受器的响应就与其带宽无关。窄带噪声可用数学来定义，定义成一个函数，其频谱密度在感兴趣的频率范围内作为频率函数的一根谱线。

例 2-1：单个幅度为 A、脉宽为 τ 的方波脉冲的频谱可表示为：

$$F(\omega) = \int_{\frac{-\tau}{2}}^{\frac{\tau}{2}} Ae^{-j\omega t} = \int_{-\tau/2}^{\tau/2} A\cos\omega t\, dt = \frac{2A}{\omega}\sin\frac{\omega\tau}{2} \qquad (2-2)$$

电磁骚扰大多是不期望的，但是有些情况下，电磁骚扰源是有用信号，比如，通信系统产生辐射，雷达系统也有辐射，这个时候，通信系统的信号就可能影响到雷达系统，雷达系统的有用信号也可能影响到通信系统，这就构成了相互间的电磁干扰。

二、电磁兼容使用变量及其之间的关系

1. 电磁兼容变量

在一个特定空间内，所要追求的是要达成系统之间的电磁兼容平衡，即一系统骚扰源不能对另一系统产生干扰，或是一系统能承受另一系统的电磁骚扰，或是系统之间不产生相互干扰。引入几个电磁兼容变量：

发射电平：骚扰源发射的电磁骚扰电平（强度）；

发射限值：允许骚扰源发射的最大骚扰电平；

抗扰性电平：工作系统能承受的最大骚扰电平；

抗扰度限值：工作系统允许骚扰源产生的骚扰限值；

兼容性电平：系统间达成电磁兼容平衡时分界电平。

2. 电磁兼容各变量间关系

在一个特定的空间内，如何使系统内或系统之间骚扰源的发射电平与感受体的抗扰度电平有最佳配合，正是系统电磁兼容性设计的关键内容。第 1 章图 1-1 可以比较直观地说明电磁兼容各变量之间的关系。图 1-1 中抗扰度电平与发射电平之差，即为兼容性裕量。

第二节　电磁干扰传播途径

有电磁干扰就必然有发射源、发射的耦合路径以及对接收到的干扰产生敏感的电路、设备或相关系统。电磁干扰大致有三个传播途径。

一、辐射途径

骚扰源如果不是处在一个全封闭的金属外壳内，它就可以通过空间向外辐射电磁波，其辐射场强取决于装置的骚扰电流强度、装置的等效辐射阻抗，以及骚扰源的发射频率。如果骚扰源的金属外壳带有缝隙与孔洞，则辐射强度与骚扰源波长有关联。当缝隙与孔洞的大小与波长可比拟时，则由骚扰源发出的电磁波可由缝隙（或孔洞）向外辐射。

二、传导途径

骚扰源可通过与其相连接的导线向外部发射，也可以通过公共阻抗耦合，将骚扰带入其他电路。此种传导发射是骚扰传播的重要途径。

三、感应耦合途径

感应耦合途径是介于辐射途径与传导途径之间的第三条途径。骚扰源并不与其他导体相连接，此时电磁骚扰的能量可通过与其相邻的导体产生感应耦合，将电磁能量转移到其他导体上去，在邻近导体内感应出骚扰电流或电压。感应耦合可以由导体间的电容耦合的形式出现，也可以由电感耦合的形式或电容、电感混合的形式出现。隔离变压器就是生活中最常见的感应耦合应用。

图 2-1、图 2-2 表明干扰可能存在的两种耦合方式。

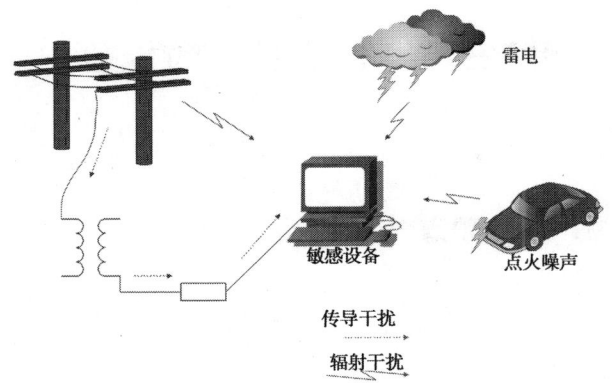

图 2-1　潜在环境干扰及耦合到敏感设备的路径

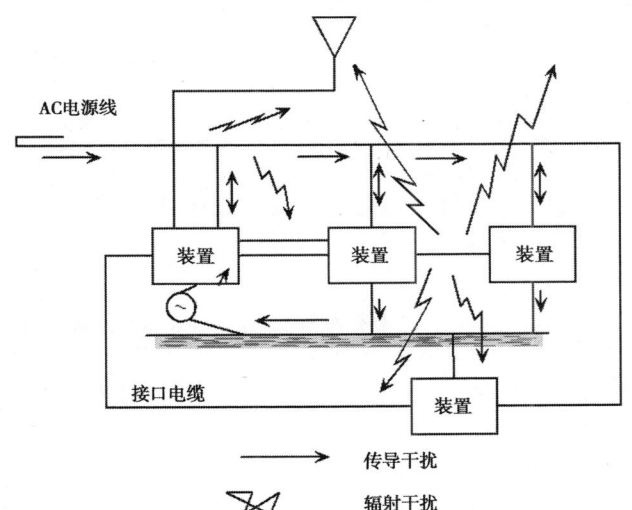

图 2-2　系统内几种可能的干扰耦合方式

第三节　电磁骚扰的传播

一、电磁噪声的频谱

研究电磁噪声的传播问题是一项困难的工作,原因之一就是电磁噪声的频谱非常宽。

以一周期梯形脉冲为例,其时域波形如图 2-3 所示。如果 $(t_0 + t_r) = \dfrac{T}{5}$,则其频谱如图 2-4 所示。其各条谱线的幅度可以写成:

$$A_n = 2A \frac{(t_0 + t_r)}{T} \times \frac{\sin[\pi n(t_0 + t_r)/T]}{\pi n(t + t_r)/T} \times \frac{\sin(\pi n t_r/T)}{\pi n t_r/T} \quad (2-3)$$

图 2-4 所示的负的幅度表示相位相反。图中各条谱线顶端的包络实际上是不存在的。

令 $(t_0 + t_r) = d$,$\dfrac{n}{T} = f$。其中 f 为各条谱线所处的频率。此时式 (2-1) 的包络可以写为:

$$e = 2Ad \frac{\sin \pi f d}{\pi f d} \quad (2-4)$$

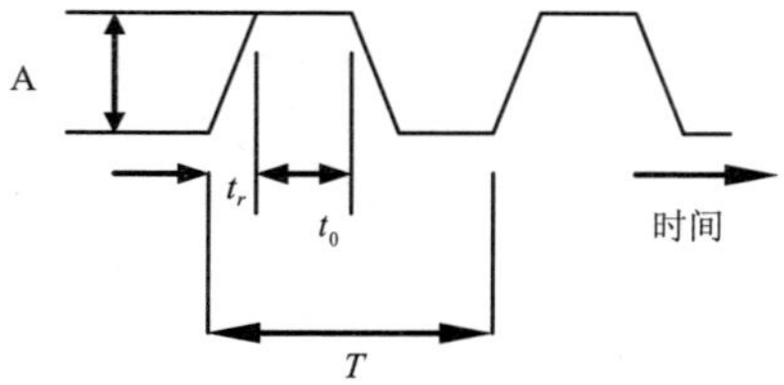

图 2-3　周期梯形脉冲的时域波形

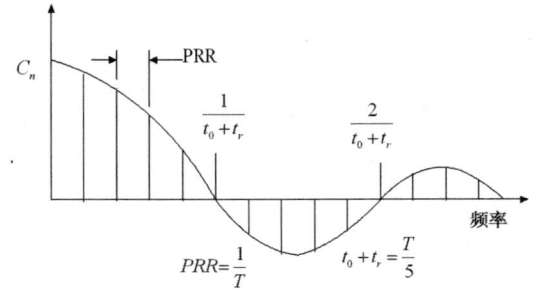

图 2-4　周期梯形脉冲频谱

对频谱有了一个总的概念后，我们不必去研究每一条谱线及其相位，甚至对其包络的变化细节也不必过分地关心。一般只需注意包络顶端连线的变化规律，就能对不同时域波形相应的频域特性有个大体的了解。这种了解对于理解电磁噪声的传播以及电磁兼容测量已是足够了。

二、电磁干扰的幅度（电平）

干扰幅度可表现为多种形式，除了用不同类型的幅度分布（即概率，它是确定的幅度值出现次数的百分率）表示外，还可用正弦的（具有确定的幅度分布）或"随机的"概念来说明干扰性质。所谓随机，简单说，就是未来值不能肯定地预测。例如随机噪声可能是一种冲击噪声，它们是一些在时间上明显分开的、稀疏的且前后沿很陡的脉冲；也可能是热噪声，它们是彼此重叠的，多次发生的，且在时间上不易分开的密集脉冲。这些密集脉冲在幅度性质上是不易确定的干扰。典型的代表是热噪声和冲击噪声。

三、电磁干扰的波形

电磁干扰有各种不同的波形，如矩形波、三角波、余弦形波、高斯形波等。由于波形是决定带宽的重要因素，所以设计人员应很好地控制波形。为了保持定时准确度或保证某种形式的准确动作，有时需要上升很陡的波形。然而，上升斜率越陡，所占的带宽就越宽。各种脉冲波形占用带宽由宽到窄的排列为：矩形波-锯齿波-梯形波-三角波-余弦形波-高斯形波。由此可见，使干扰减小到最小的方法之一，是在可靠工作的情况下使设计的脉冲波形具有尽可能慢的上升时间。通常脉冲下的面积决定了频谱中的低频含量，而其高频成分与脉冲沿的陡度有关。

四、电磁干扰的出现率

干扰信号在时间轴上出现的规律称为出现率。按出现率把电函数分为周期性、非周期性和随机的三种类型来考虑。周期性函数是指在确定的时间间隔（称之为周期）内能重复出现；非周期性函数则是不重复的，即没有周期，但出现是确定的，而且是可以预测的。随机函数则是以不能预测的方式变化的函数，即它的表现特性是没有规律的。随机函数的定义允许限定其幅度或频率成分，但要避免用时间函数来分析、描述它。

通常干扰问题中遇到的周期电压和电流是功能性的，它们的产生是为了特定的目的，如50Hz电源及其谐波或遥测信号。许多非周期性电压和电流也是用于特定目的，如指令脉冲。然而随机电压、电流则是无用副产品，或是自然产生的，如热噪声。

第四节　传导干扰

传导干扰主要是靠传输线路的电流和电压而起作用。因而传输线路在不同频率下所呈现的性质如何，处理方法也有所差异。

一、低频域传输线路

低频域是指传输线路的几何长度 l 远远小于工作波长 λ，即

$$l << \lambda \tag{2-5}$$

因而对一般模拟电路而言，可作为集中参数来处理。

对于数字电路，最好将传输的脉冲按其宽度分为窄脉冲和宽脉冲来处理。前者的情况必须考虑由线路阻抗而产生的电压下降，以及由于线路间的寄生电路而使波形变钝等现象，而后者的情况，还必须考虑传输时间的滞后，以及线路反射等问题。只有在脉冲宽度 $\triangle t$ 远小于线路内的传输时间，才能作为低频处理。如下式：

$$l << v\Delta t \tag{2-6}$$

式中，l 为传输线路的几何长度，v 为传输速度，Δt 为脉冲宽度。

式（2-5）和式（2-6）即为满足低频处理的条件。

二、低频域的集中参数电路

低频时的等效电路如图 2-5 所示，使分布在整个线路的寄生电容集中在一个地方，集中参数 C 接在线路中间，闭环线路的电阻串接在回路中，其接收端电压 V_r 的大小，如下式所示。

(a) 正弦波情况：低频时 $\dfrac{1}{\omega C_l} >> \dfrac{(R_s + R_l)(R_r + R_l)}{R_s + R_r + 2R_l}$，可得

$$V_r = V_R \sin\omega t = \frac{R_r}{R_s + 2R_l + R_r} V_s \sin(\omega t - \varphi) \tag{2-7}$$

$$\text{相角 } \varphi = tg^{-1}\left[\omega C_l \frac{(R_s + R_l)(R_r + R_l)}{R_s + R_r + 2R_l}\right] \tag{2-8}$$

(b) 脉冲前沿：

$$V_{r1} = \frac{R_r}{R_s + 2R_l + R_r} V_s (1 - e^{-t/\tau}) \tag{2-9}$$

$$\tau = C_l \left[\frac{(R_s + R_l)(R_r + R_l)}{(R_s + R_r + 2R_l)}\right] \tag{2-10}$$

(c) 脉冲后沿：

$$V_{r2} = \frac{R_r}{R_s + 2R_l + R_r} V_s e^{-t/\tau} \tag{2-11}$$

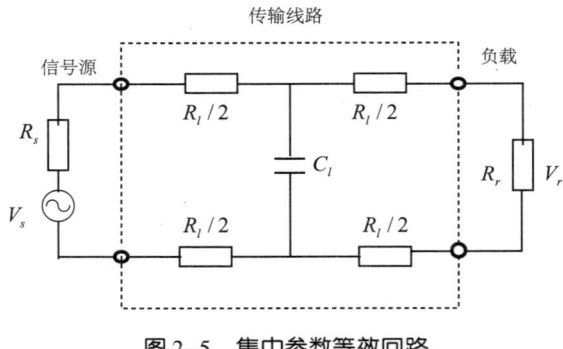

图2-5 集中参数等效回路

当线路阻抗 R_l 很小时，接收端电压 V_r 则由电源阻抗 R_s 和负载阻抗 R_r 来决定。若从负载看进去的干扰阻抗，大致同干扰发生源的阻抗 R_s 相等，则可认为干扰阻抗与线路阻抗特性无关。

三、高频域的分布参数电路

当线路的几何长度 l 大致与工作波长可比拟时，线路应看作为分布参数电路，线路的特性主要决定于分布参数 L（分布电感）、C（分布电容），其线路特性中最主要的参数为线路传输波的传输速度 v 和线路的特性阻抗 Z_c：

$$v = \frac{1}{\sqrt{LC}} \tag{2-12}$$

$$Z_c = \sqrt{\frac{L}{C}} \tag{2-13}$$

线路的特性阻抗由于只与分布参数有关，因而对于线路间距离一定、线径大小一定的均匀线路，其特性阻抗又可由下列公式来表示：

$$Z_c = 120\ln\frac{d}{r} = 276\lg\frac{d}{r} \text{（双线）} \tag{2-14}$$

$$Z_c = 60\ln\frac{R}{r} = 138\lg\frac{R}{r} \text{（空气同轴线）} \tag{2-15}$$

$$Z_c = 60\ln\frac{2h}{r} = 138\lg\frac{2h}{r} \text{（离地面为 } h \text{ 的单线）} \tag{2-16}$$

特性阻抗的另一定义，是行波电压与行波电流之比，即 $Z_c = \dfrac{V_i}{I_i}$ 或 $Z_c = \dfrac{V_r}{I_r}$。V_i、V_r 分别为入射波电压和反射波电压，I_i、I_r 分别为入射波电流和反射波电流。但一般情况下传输线上的电压与电流不是行波，而是驻波。因而线上任一对应点的电压与电流之比可定义为线路长为 l 端点输入阻抗：

$$Z_i = \frac{V(l)}{I(l)} \quad （输入阻抗） \tag{2-17}$$

当传输线为理想传输线时，Z_i 可表示为

$$Z_i = Z_c \frac{Z_r \cos\beta l + jZ_c \sin\beta l}{Z_c \cos\beta l + jZ_r \sin\beta l} \tag{2-18}$$

可见，高频时线路的输入阻抗是线路长 l 的函数。

式中 $\beta = \dfrac{2\pi}{\lambda}$，$Z_r$ 为负载阻抗，Z_c 为线的特性阻抗。

特殊情况下，当线路终端短路时（即 $Z_r = 0$），则（2-18）式为：

$$Z_i = jZ_c \text{tg}\beta l \tag{2-19}$$

当线路终端开路时（即 $Z_r = \infty$），则（2-18）为：

$$Z_i = -jZ_c \text{ctg}\beta l \tag{2-20}$$

处理高频线路时，一定要注意线路的电长度 l/λ 引起的阻抗变化，以及相应的电压电流的变化。

第五节　辐射干扰

对于辐射干扰，其传播途径大体为：天线，设备的机壳，设备机壳上的各种孔洞，缝隙，连接电缆，非正常辐射，等等。其干扰大体来说主要是两类：一类是电偶极子（电流元）辐射；另一类是磁偶极子（磁流元）辐射。

一、辐射干扰源及场区划分

分别讨论电偶极子辐射及磁偶极子辐射,并给出近场区、中场区、远场区的相关概念。

1. 电偶极子辐射

许多实际的辐射干扰源常常以电偶极子的形式出现的。对于一长导线,当线上有干扰电流流过,而上边流动的电流分布为已知时,则可以计算出离导线任意距离上的场强。我们首先给出一电流元的场。

设一小段导线 $dz << \lambda$,导线上的电流为均匀分布,即 $Ie^{j\omega t}$。Idz 称为微分电流元的矩,当电流元放置坐标如图2-6所示,则任意距离场的表达式可写成:

$$E_r = 60k^2 Idz \left[\frac{1}{(kr)^2} - \frac{j}{(kr)^3} \right] \cos\theta e^{-jkr} \qquad (2-21)$$

$$E_\theta = j30k^2 Idz \left[\frac{1}{(kr)} - \frac{j}{(kr)^2} - \frac{1}{(kr)^3} \right] \sin\theta e^{-jkr} \qquad (2-22)$$

$$H_\varphi = j\frac{k^2}{4\pi} Idz \left[\frac{1}{kr} - \frac{j}{(kr)^2} \right] \sin\theta e^{-jkr} \qquad (2-23)$$

$$E_\varphi = H_r = H_\theta = 0 \qquad (2-24)$$

式中 I ——电流有效值(A);

dz ——短导线元(m);

r ——由原点到观察点距离(m)。

$k = 2\pi/\lambda$

λ ——波长(m);

E ——电场强度(V/m);

H ——磁场强度(A.m)。

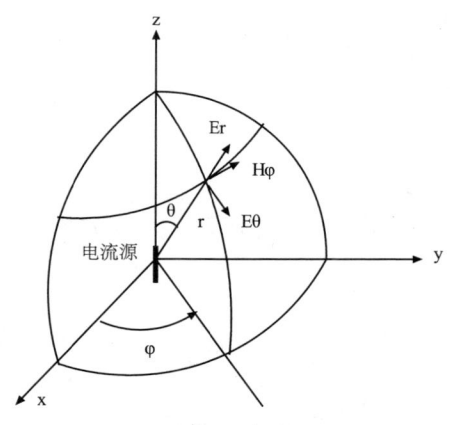

图 2-6 电偶极子坐标系

式中的时间因子 $e^{j\omega t}$ 已略去,因为在所有有用的情况下,均可假定电流以固定频率随时间作正弦变化。

2. 场区划分

电流元在空间的场可分为三个区域:近场区、中场区、远场区。

(1) 近场区

当 $r \ll \lambda/2\pi$ 的区域,称为近场区。场内的性质主要是感应场的性质,因而又可称为感应场。在(2-21)~(2-23)式中,由于 $r \ll \lambda/2\pi$,因而,对 E_θ 和 E_r 两项可以只取 $\frac{1}{r^3}$ 项,对 H_φ 只取 $\frac{1}{r^2}$ 项,而忽略其他低次项,此时场可表示为:

$$E_r = -j60Idz\cos\theta \frac{1}{kr^3}e^{-jkr} \qquad (2-25)$$

$$E_\theta = -j30Idz\sin\theta \frac{1}{kr^3}e^{-jkr} \qquad (2-26)$$

$$H_\varphi = \frac{1}{4\pi}Idz\sin\theta \frac{1}{kr^2}e^{-jkr} \qquad (2-27)$$

由上列式子可以看出:电场与磁场的相位差 90°,呈现电抗性场,这是一个振荡波。因与静电偶极场相似,故称其为感应场,场在振子周围是以感应场的形式出现。所以在电子设备之间或内部之间,如果两个系统距离足够小,电磁辐射的干扰场是感应场,其电场按 $\frac{1}{r^3}$ 关系衰减,磁场按 $\frac{1}{r^2}$ 关系衰减。

(2)远场区

当 $r \gg \lambda/2\pi$ 的区域,称为远场区。场随 e^{-jkr}/r 往外辐射,故又称为辐射场。

在 r 远大于波长时,场的分量可忽略 $\frac{1}{r^2}$ 项和 $\frac{1}{r^3}$ 项,故场分量可简化为:

$$E_\theta = j\frac{30kIdz}{r}\sin\theta e^{-jkrr} = j\frac{60\pi Idz}{r\lambda}\sin\theta e^{-jkr} \qquad (2-28)$$

$$H_\varphi = j\frac{kIdz}{4\pi r}\sin\theta e^{-jkr} = \frac{E_\theta}{120\pi} = E\theta/\eta \qquad (2-29)$$

其中 $E_\theta/H_\varphi = \eta = \sqrt{\frac{\mu}{\varepsilon}} = 120\pi = 377\Omega$,称波阻抗(对自由空间)。

波阻抗是一实数,表示电场与磁场同相,电场变化达到最大时,磁场也达到变化最大,反之亦然。故代表一个向 r 方向前进的行波,能流矢量 $\vec{S} = \vec{E_\theta} \times \vec{H_\varphi}$ 由 $\vec{E_\theta}$ 转到 $\vec{H_\varphi}$ 方向,根据右手定律,拇指方向即为能流方向,与 r 径向一致。

场量 $\vec{E}$ 和 $\vec{H}$ 正比于因子 e^{-jkr}/r,表示从电流元发出的波,在远区场时,是一个球面波。因为在等距离 r 各点具有相同的相位,等相位面是一个球面。当 $r \gg \lambda$ 时,球面的一部分即可视为平面,因此辐射场具有平面波的各种性质。

(2-28)式、(2-29)式只适用于沿线电流值为常数的很短的电流元。但是很容易地用它们来求出任何电流分布为已知的导线所辐射的场。计算方法是沿天线全长把每一微分电流元的场积分起来。如果把电流的变化和由于从观察点到每一电流元的距离不同而引起的相位差考虑在内,则任何电流分布的场的一般表达式为:

$$E_\theta = j\frac{60\pi\sin\theta}{r\lambda}\int_{-l/2}^{l/2}I(z)dze^{-jkr(z)} \qquad (2-30)$$

式中 $I(z)$ 和 $r(z)$ 都是 z 的函数，积分是沿天线长度从 $-l/2$ 积到 $+l/2$。

对很短的天线来说，上式可简化为：

$$E_\theta = j\frac{60\pi\sin\theta}{r\lambda}I_0 L_e e^{-jkr}$$

式中 I_0 —— 天线中心电流；

L_e —— 天线有效长度，其定义为 $L_e = \dfrac{1}{I_0}\displaystyle\int_{-l/2}^{l/2} I(z)\,dz$。

有效长度在确定一个接收天线两端的开路电压时是很有用的，它有时也用来表示发射天线的有效性。当一个天线有效长度为已知时，天线的辐射电阻可由下式给出：

$$R_r = 20(kL_e)^2 \Omega \qquad (2-31)$$

辐射电阻的大小，意味着短天线辐射电磁波能量的本领。辐射电阻越大，辐射功率也越大。

对于正弦电流分布的半波天线，天线的有效长度 $L_e = \lambda/\pi$。对于一个天线长度远小于半波长的短天线，电流分布实际上是三角形的，天线的有效长度即为实际几何长度之半。

（3）中场区

在近场区与远场区分界处附近，也就是 $r = \lambda/2\pi$ 附近，场的各项均不能忽略，因而其场仍是（2-21）~（2-23）式的形式，此一区域既有感应场也有辐射场。

3. 磁偶极子（磁流元）的辐射

另一种重要的辐射干扰源就是磁流元辐射源。虽然磁流元在自然界中并不存在，但是有一些形状的辐射源所产生的场与假想的磁流元所产生的场完全一致。例如，一个直径远小于波长的载流圆环所产生的场和一个短的磁偶极子的场等效。此载流圆环在任意距离处的场如（2-32）~（2-34）式所示。表达式所对应的坐标如图2-7所示。

$$E_\varphi = 30k^2 dm\left[\frac{1}{kr} - \frac{j}{(kr)^2}\right]\sin\theta e^{-jkr} \qquad (2-32)$$

$$H_r = \frac{k^2}{2\pi} dm \left[\frac{j}{(kr)^2} + \frac{1}{(kr)^3} \right] \cos\theta e^{-jkr} \qquad (2-33)$$

$$H_\theta = -\frac{k^2}{4\pi} dm \left[\frac{1}{kr} - \frac{1}{(kr)^2} - \frac{1}{(kr)^3} \right] \sin\theta e^{-jkr} \qquad (2-34)$$

$$E_r = E_\theta = H_\varphi = 0$$

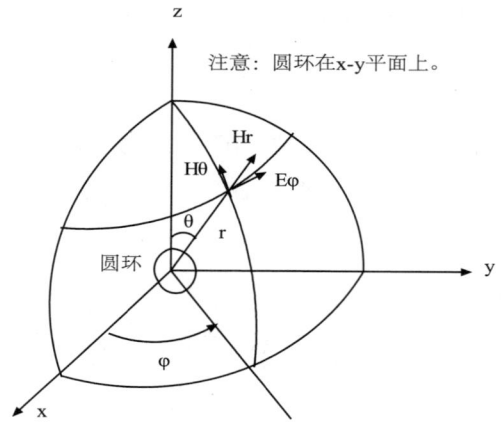

图 2-7 磁偶极子坐标系

上面几个式子中的 dm 定义为磁偶极子的微分磁矩。一个直径很小的圆环的磁矩就等于通过此圆环的电流 I 与圆环的面积 A 的乘积。

对于 r 远大于波长的远区场来说,各场的分量可简化为:

$$E_\varphi = \frac{30k^2 dm}{r} \sin\theta e^{-jkr} \qquad (2-35)$$

$$H_\theta = -\frac{k^2 dm}{4\pi r} \sin\theta e^{-jkr} = -E_\varphi/120\pi \qquad (2-36)$$

注意磁流元的场表达式几乎与电流元的场强表达式完全相似,其不同点仅仅是把电磁的量互换而已。短的磁偶极子或小直径圆环的方向图和电偶极子方向图一样,像个苹果。小圆环的方向图在圆环的平面上是一个圆,而通过圆环的轴的平面上则是个"8"字形,各个方向的幅值则与 $\sin\theta$ 成正比。当圆环的直径小于 1/10 波长时,所给出的表达式是相当精确的。

另一种天线的辐射特性与磁偶极子的辐射特性十分相似,那就是一个无穷大金属平面上的窄缝隙。这种天线的电场是横跨缝隙的窄边的。可以证明,此缝隙的辐射场和一个磁流分布为 M 的假想磁偶极子的辐射场完全相同。因此，一个窄矩形缝隙的方向图就和正好填满此缝隙的补偿电偶极子的方向图完全一致，这两种辐射的唯一区别仅在于两者的电和磁的量互换而已。

二、辐射干扰的物理模型

1. 辐射干扰的物理模型

假定有一个干扰源，它向自由空间传播电磁波，其电场强度为 $\vec{E}$，磁场强度为 $\vec{H}$，它的一般表达式为（2-21）～（2-23）式。当 $r \gg \lambda/2\pi$ 时，（远场区）$E/H = \eta$、$\eta = 120\pi\Omega$（自由空间）。在干扰源附近（$r \ll \lambda/2\pi$）时，如果干扰源具有大电流低电压，则磁场 $\vec{H}$ 起主要作用；如果干扰源具有高电压小电流，则电场 $\vec{E}$ 起主要作用。

同时假定在距离上述干扰源距离为 r 处有一个干扰对象。它的两根导线 3 和 4 就好像是天线（见图 2-8），接收电磁场 $\vec{E}$、$\vec{H}$。这两根导线可能连成一个环，也可能其中一根导线接地，或本身就是地线。图 2-8 即为辐射干扰的物理模型。

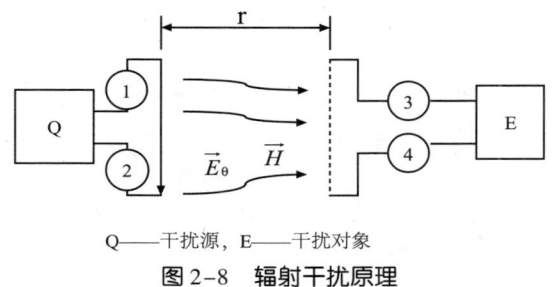

Q——干扰源，E——干扰对象
图 2-8 辐射干扰原理

2. 高阻抗场与低阻抗场

自由空间远场区的波阻抗 $\eta = 120\pi\Omega$，而在近场区时，对于以电偶极子作为干扰源的感应场区间，则将出现高阻抗场，并且干扰场主要是电场发生源起主要作用。对于高阻抗场源和电磁强度之间的关系概念如图（2-

9)(a)所示。

从(2-26)、(2-27)式出发,我们可认为电场与磁场的比值,可以作为电场源发生源近场区的空间阻抗。

已知 $E_\theta = -j30Idz\sin\theta \dfrac{1}{kr^3}e^{-jkr}$

$H_\varphi = \dfrac{1}{4\pi}Idz\sin\theta \dfrac{1}{kr^2}e^{-jkr}$

则 $\dfrac{E_\theta}{H_\varphi} = -j120\pi \dfrac{1}{\dfrac{2\pi}{\lambda}r} = -j\eta \dfrac{\lambda}{2\pi r}\Omega$

设此时的阻抗为 Z_E,

则 $$Z_E = -j\eta \dfrac{\lambda}{2\pi r} = j\dfrac{\eta}{x} \qquad (2\text{-}37)$$

式中 $\eta = 120\pi$,$x = \dfrac{2\pi r}{\lambda}$,

由于近场区,$x < 1$,因此对近场区

$$Z_E > \eta = 120\pi \qquad (2\text{-}38)$$

(2-38)式称为高阻抗场,其与距离的关系如图(2-10)所示。

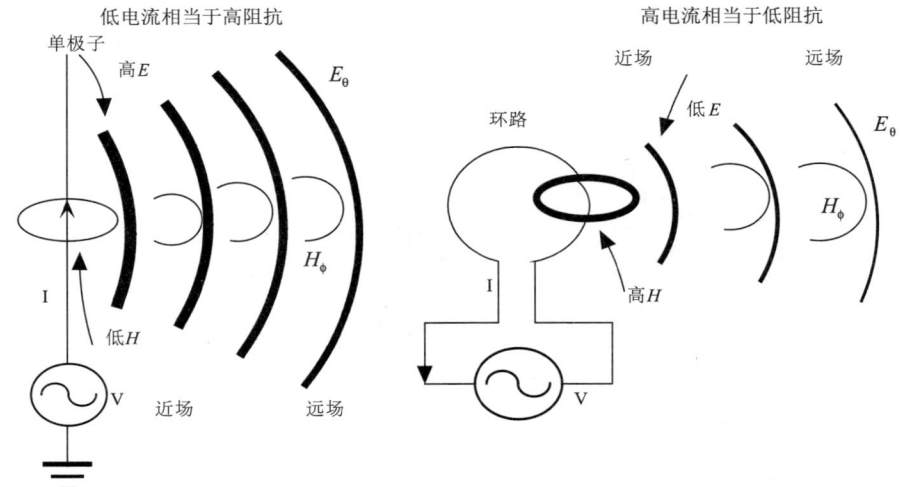

(a)高阻抗场的电场发生源和电磁波　　(b)低阻抗场的磁场发生源和电磁波

图 2-9　发生源种类和电磁场强度之间的关系概念图

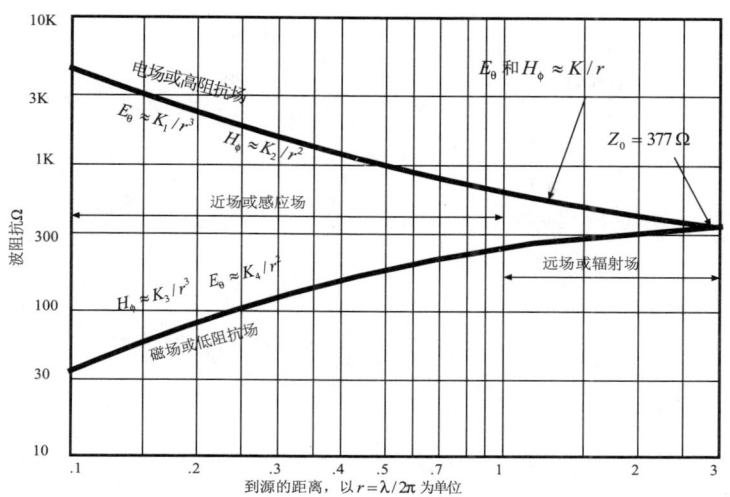

图 2-10 空间阻抗与发生源距离的关系

同样对于以磁流元作为干扰源的感应场区间，即磁场源发生源近场区间，将出现低阻抗场，以 Z_H 表示。

从式（2-32）～（2-34）出发，当 $r \ll \lambda/2\pi$ 时，可得到电场与磁场的比值 Z_H：

$$Z_H = \frac{E}{H} = j\eta x = j120\pi \frac{2\pi r}{\lambda} \tag{2-39}$$

由上式可见，因 $x = \frac{2\pi r}{\lambda} < 1$，因而磁场源近场区的阻抗 $Z_H < \eta$（自由空间阻抗），故称为低阻抗场，Z_H 随 x 的变化一并表示在图 2-10 上。

3. 减少辐射干扰的措施

减少辐射干扰的措施主要有：

①辐射屏蔽：在干扰源和干扰对象之间插入金属屏蔽物，以阻挡干扰的传播。

②极化隔离：就是干扰源与干扰对象在布局上采取极化隔离措施。即一个为垂直极化时，另一个为水平极化，以减小相互的耦合。

③距离隔离：拉开干扰源与被干扰对象之间的距离。这是由于场在近场区，场量强度与距离 $1/r^2$ 或 $1/r^3$ 成比例，当距离增大时，场衰减很快。

④方向性隔离：利用天线方向性的特点，让干扰源方向性最小点对准被干扰对象，以达到减小干扰的目的。

⑤应用吸收涂层：被干扰对象有时可涂一层吸收电磁波的材料。衰减其能量，以减少干扰。

关于减少辐射干扰的更具体措施将在后续章节（第五章）中介绍。

第六节 电磁兼容测量单位

在电磁兼容测量中常用不同的量纲，单位也不太相同。下面给出一些基本要领。

一、功率

功率的基本单位为瓦（W），即焦耳/秒（J/s）。为了表示更宽的测量范围，常常用两个相同量比值的常用对数，以"贝尔"（B）为单位。功率为：

$$P_B = \lg \frac{P_2}{P_1} \quad (2-40)$$

但"贝尔"是个较大的值。为了使用方便，多采用贝尔的1/10，即以分贝（dB）为单位，

$$P_{dB} = 10\lg \frac{P_2}{P_1} \quad (2-41)$$

式中：P_2 与 P_1 应采用相同的单位。应该明确 dB 仅为两个量的比值，其是无量纲的。随着 dB 表示式中的参考量［例如式（2-41）中的 P_2］的单位不同，dB 在形式上也可带有某种量纲。如 P_1 为 1W，$\frac{P_2}{P_1}$ 是相对于 1W 的比值，即以 1W 为 0dB。此时，以带有功率量纲的 dB 表示 P_2，则

$$P_{dBW} = 10\lg \frac{P_W}{1W} \tag{2-42}$$

如果以 1mW 为 0dB，则 P_2 也应以 mW 为单位，则表达式为：

$$P_{dBm} = 10\lg \frac{P_{mW}}{1mW} \tag{2-43}$$

$$\text{显然 } 0dBm = -30dBW \tag{2-44}$$

这个测量单位在非常多的场合会用到。

二、电压

对于阻性负载 $\qquad P = \dfrac{V^2}{R}$

式中：P——功率，W；

$\qquad V$——电阻 R 上的电压，V；

$\qquad R$——电阻，Ω。

若以分贝（dB）表示，上式可写成：

$$P_{dBW} = 10\lg \frac{P_2}{P_1} = 10\lg \frac{V_2^2/R_2}{V_1^2/R_1} = 20\lg \frac{V_2}{V_1} - 10\lg \frac{R_2}{R_1} \tag{2-45}$$

式（2-45）中右端的第一项即为电压的分贝值。在电磁兼容领域，常用 μV 为单位，此时

$V_1 = 1\mu V$，即 dBμ 以 1μV 为 0dB。即

$$V_{dB\mu} = 20\lg \frac{V_2}{V_1} = 20\lg \frac{V_{\mu V}}{1} \tag{2-46}$$

式中：$V_{\mu V}$ ——以 μV 为单位的电压值。

显然：

$$0dB\mu V = -120dBV \tag{2-47}$$

由式（2-43）可以推导出 dBμ 与 dBm 之间的关系：

$$P_{dBm} - 30 = V_{dB\mu} - 120 - 10\lg \frac{R_\Omega}{1} \tag{2-48}$$

式中：R_Ω——以 Ω 为单位的电阻值。

对于 50Ω 的系统

$$P_{dBm} = V_{dB\mu} - 120 - 16.99 + 30 = V_{dB\mu} - 107 dB \tag{2-49}$$

式（2-47）是电磁兼容中用得非常多的公式。

三、电流

常以 dBμA 为单位，即

$$I_{dB\mu A} = 20\lg \frac{I_2}{I_1} = 20\lg \frac{I_{\mu A}}{1\mu A} \tag{2-50}$$

式中：$I_{\mu A}$——以 μA 为单位的电流。

四、电场强度与功率密度

有时用空间的功率密度 S 表示电磁场强度，尤其是在微波波段，测量功率比测量电场容易，而且具有实际的意义。功率密度的单位为 W/m^2。常用的单位为 mW/cm^2 或 $\mu W/cm^2$。两个单位之间的关系如下：

$$S_{W/m^2} = 10 S_{mW/cm^2} = 0.01 S_{\mu W/cm^2} \tag{2-51}$$

除需要进行场强换算外，一般功率密度不再转换为分贝形式。如需要转换时，上式可写成

$$S_{dB(W/m^2)} = S_{dB(mW/cm^2)} + 10 dB = S_{dB(\mu W/cm^2)} - 20 dB \tag{2-52}$$

功率密度 S 与电场强度 E、磁场强度 H 之间的关系为：

$$\vec{S} = \vec{E} \times \vec{H} \tag{2-53}$$

式中：$\vec{E}$——电场强度，V/m；

$\vec{H}$——磁场强度，V/m。

而
$$Z = E/H \tag{2-54}$$

式中：Z——空间的波阻抗，Ω。

式（2-53）与（2-54）适用于空间的任意场点，包括远场与近场。但对于满足远场条件的平面波，为自由空间波阻抗 Z_0：

$$Z_0 = 120\pi$$

则式（2-53）成为：

$$S = \frac{E^2}{Z_0} \qquad (2-55)$$

以分贝表示：

$$10\lg S_{W/m^2} = 20\lg E_{V/m} - 10\lg 120\pi$$

$$S_{dB(W/m^2)} = E_{dB(V/m)} - 25.8dB \qquad (2-56)$$

如功率密度采用 $dB_{(mW/cm^2)}$、电场强度采用 $dB_{(\mu V/m)}$，则对远场平面波：

$$S_{dB(mW/cm^2)} + 10dB = E_{dB(\mu V/m)} - 120dB - 25.8dB$$

$$S_{dB(mW/cm^2)} + 10dB = E_{dB(\mu V/m)} - 155.8dB \qquad (2-57)$$

或

$$S_{dB(\mu W/cm^2)} = E_{dB(\mu V/m)} - 125.8dB \qquad (2-58)$$

如果不使用分贝单位，根据式（2-55）、式（2-57）、式（2-58）可写成：

$$S_{mW/cm^2} = \frac{(E_{\mu V/m})^2}{120\pi} \times 10^{-13} \qquad (2-59)$$

$$S_{\mu W/cm^2} = \frac{(E_{\mu V/m})^2}{120\pi} \times 10^{-10} \qquad (2-60)$$

五、磁场强度

根据式（2-55）可得磁场强度 H 为：

$$H_{A/m} = \frac{E_{V/m}}{Z_\Omega} \qquad (2-61)$$

$$H_{\mu A/m} = \frac{E_{\mu V/m}}{Z_\Omega} \qquad (2-62)$$

写为分贝形式：

$$H_{dB(\mu A/m)} = 20\lg H_{\mu A/m}$$

$$\text{则 } H_{dB(\mu A/m)} = E_{dB(\mu V/m)} - 20\lg Z_\Omega \qquad (2\text{-}63)$$

当 $Z = Z_0 = 120\pi$ 时：

$$H_{dB(\mu A/m)} = E_{dB(\mu V/m)} - 51.5 dB \qquad (2\text{-}64)$$

磁场强度虽然在电磁兼容领域中经常使用，但它并非国际单位制中的具有专门名称的导出单位。实际工作中，导出单位磁通密度（磁感应强度）B 也常被采用，磁通密度的基本单位为特斯拉（T），其定义为：

$$1T = 1Wb/m^2 \qquad (2\text{-}65)$$

式中：Wb——磁通量的单位，韦伯。

以前，磁通量密度的单位还有高斯（Gs）。现在"高斯"虽已建议不再使用，但在实际工作中有时还可能碰到。高斯（Gs）与特斯拉（T）之间的关系如下：

$$1Gs = 10^{-4} T$$

$$1mGs = 10^{-7} T$$

磁通密度与磁场强度的关系如下：

$$B_T = \mu H_{A/m} \qquad (2\text{-}66)$$

式中：B_T——以特斯拉为单位的磁通密度；

μ——介质的绝对磁导率，亨/米（H/m），在真空中 $\mu_0 = 4\pi \times 10^{-7} H/m$ [注意区分电感单位亨（H）与磁场强度的符号（H）]。

$H_{A/m}$——以安/米（A/m）为单位的磁场强度。

由式（2-65），如磁通密度用 μT 为单位，则在真空中：

$$B_{\mu T} = 0.4\pi H_{A/m} \approx 1.26 H_{A/m} \qquad (2\text{-}67)$$

$$B_{mGs} = 4\pi H_{A/m} \approx 12.6 H_{A/m} \qquad (2\text{-}68)$$

若以分贝来表示，由式（2-66）可得

$$B_{dBT} = 20\lg B_T = 20\lg \mu_0 + 20\lg H_{A/m} = H_{dB(A/m)} - 118 dB \qquad (2\text{-}69)$$

$$B_{dB\mu T} = H_{dB(A/m)} - 118 dB \qquad (2\text{-}70)$$

由式（2-68）可得

$$B_{dBmGs} = H_{dB(A/m)} + 22 dB \qquad (2\text{-}71)$$

在有的技术资料中,尤其是在有关军用的标准和资料中,常将电压、电流、功率、场强、功率密度等单位归一化到单位带宽(如 Hz, kHz, MHz)上。对于峰值检波的测量,在测量接收机放大器不饱和、本机噪声可以忽略的前提下,只要脉冲噪声的重复率足够低,以保证通过测量接收机中频放大器后的各个脉冲互不重叠的情况,峰值检波的输出电压 V 正比于中频带宽,即

$$\frac{V_2}{V_1} = \frac{B_{imp2}}{B_{imp1}} \qquad (2-72)$$

或写为分贝值:

$$V_{dB2} = V_{dB1} + 20\lg \frac{B_{imp2}}{B_{imp1}} \qquad (2-73)$$

式中:B_{imp} ——脉冲带宽。

当已知测量所用的带宽 B_{imp1} 和测量结果 V_1 时,就可以换算为所需带宽 B_{imp2} 下的结果了。

由上式可见,对于电压、电流、场强,其值是正比于带宽的。但对于功率或功率密度则正比于带宽的平方。对于功率,式(2-72)应该改写,但式(2-73)的形式不变:

$$\frac{P_2}{P_1} = \left(\frac{B_{imp2}}{B_{imp1}}\right)^2 \qquad (2-74)$$

$$P_{dB2} = P_{dB1} + 20\lg \frac{B_{imp2}}{B_{imp1}} \qquad (2-75)$$

我们不但在很多测量场合会用到(2-72)~(2-75)式,而且了解这些相互关系,对进行电磁兼容预测量也十分有用。

附表中给出一些电磁强度对磁场以及功率密度的转换示例。

附表 电场强度对磁场以及功率密度的转换

远场条件下： $Z = Z_0 = 120\pi = 377\Omega$，$W/m^2 = E^2/Z$，$\mu_0 = 4\pi \times 10^{-7} H/m$		
1A/m	=377	V/m
	=171	dBμV/m
	=120	dBμA/m
	=25.8	dBW/m²
	=55.8	dBm/m²
	=37.7	mW/m²
	=1.26×10⁻⁶	T
	=1.26×10³	nT
	=0.0126	Gs
	=0.0126	Oe
1V/m	=2.65×10⁻³	A/m
	=120	dBμV/m
	=68.5	dBμA/m
	=2.65	mA/m
	=−25.7	dBW/m²
	=4.3	dBm/m²
	=−5.73	dBm/cm²
	=2.67×10⁻⁴	mW/cm²
	=2.67×10⁻³	W/m²
	=3.3×10⁻⁵	Gs
	=3.33×10⁻⁹	T
	=3.33	nT
	=3.33×10⁻⁵	Oe
1W//m²	=19.4	V/m
	=5.15×10⁻²	A/m
	=0.1	mW/cm²
1nT	=7.936×10⁻⁴	A/m
	=1×10⁻⁵	Ga

续　表

1pT	$=7.936\times10^{-7}$	A/m
1T	$=1$	Wb/m²
	$=10^4$	Gs
	$=7.936\times10^5$	A/m
1Gs	$=1$	Oe
	$=79.6$	A/m
	$=0.796$	A/cm
	$=1\times10^{-4}$	T
	$=0.1$	mT

参考资料：

［1］大卫.A.韦斯顿.电磁兼容原理与应用［M］.杨自佑，王守三，译.北京：机械工业出版社，2007.

［2］Clayton R. Paul. 电磁兼容导论［M］.闻映红，等译.北京：人民邮电出版社，2007.

［3］王定华，赵家升.电磁兼容原理与设计［M］.成都：电子科技大学出版社，1995.

［4］刘鹏程，邱扬.电磁兼容原理与设计［M］.西安：西安电子科技大学，1992.

［5］中国赛宝（总部）实验室.电子产品的安全要求、试验与设计［M］.北京：中国标准出版社，2004.

第三章
电磁兼容测量

第一节 场地要求

电磁兼容试验对场地有着特定的要求,其中以辐射发射和辐射抗扰度的要求最为严格。本节重点介绍开阔场、屏蔽室、电波暗室的用途、构成及性能指标。

一、开阔场

开阔场是电磁兼容辐射骚扰场强测量的重要场地。30～1000MHz 频段微波电磁场的发射与接收以空间直射波与地面反射波在接收点的相互叠加的理论为基础。理想的开阔场是在自由空间放置一个平直的、无限大的金属导电平面所形成的半自由空间,而事实上它是一个平坦、空旷和电导率均良好的、无任何发射物的椭圆形试验场地,其长轴是两焦点距离的 2 倍,短轴是焦距的 $\sqrt{3}$ 倍。测量天线和受试设备(EUT)分别位于两个焦点的位置,标准推荐焦点之间的距离为 3m、10m、30m。如要满足 10m 法试验,最小场地应为 20m×18m。详见图 3-1。

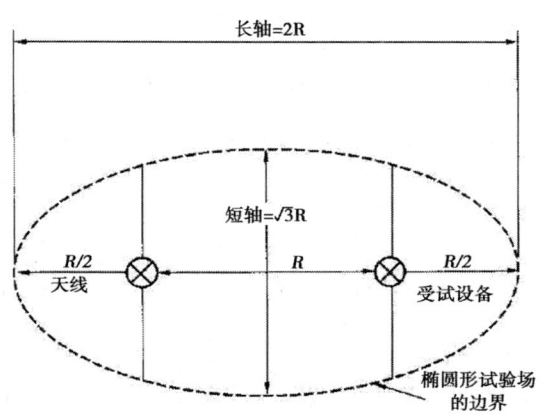

图 3-1　椭圆形测试场地与天线布置

开阔场需在电磁环境干净、本底噪声低的地方建造,以免周边的电磁干扰影响测量判定。由于城市电磁环境十分复杂,不得不在远离城市的郊外建立开阔场,所以给建造、运输、管理和测量带来诸多不便。同时,在露天环境下场地易受天气、环境因素影响。

开阔场地面需铺设高电导率的金属板,金属板材质一般选用耐腐蚀的不锈钢或镀锌钢板。场地需配备放置受试设备的转台和安装测量天线升降塔,转台可进行360°旋转,天线塔可实现1~4m升降。同时还应有单独的接地系统和避雷系统,而且两者应隔离开来。为减小气候影响,还需配置气候保护罩,主要保护受试设备和测量天线,气候保护罩所用材料应为非导电介质,以免造成不必要的反射。

归一化场地衰减(NSA)是评价开阔场试验场能否成为合格地EMC测试的关键技术指标。NSA可定义为,在自由空间放置一块平直无限延伸的导电平面所形成的半自由空间,在标准测试距离(3m、10m或30m)的场地衰减。NSA与场地的本身特性(结构、材料、地面平整度等)及收发天线的几何位置有关。NSA评价需要在天线水平极化和垂直极化两个方向进行,GB 6113.104附录E给出了测量方法和NSA的理论值,当所有频点的NSA实测值与理论值的偏差皆在±4dB范围内,符合场地接受准则。

二、屏蔽室

能对射频电磁能量起衰减作用的封闭室即为屏蔽室。屏蔽室主要作用在于隔离外界电磁干扰,提高检测结果的准确性。屏蔽室是电磁兼容试验中的重要设施,如传导骚扰电压、传导抗扰度和骚扰功率等试验项目均在电磁屏蔽室内进行。

屏蔽室是由金属导体制成的大型六面体房间(见图3-2),一般采用镀锌钢板建造。由于金属板对入射电磁波的吸收损耗、界面反射损耗和板中内部反射损耗,而使屏蔽室产生屏蔽作用。屏蔽室常用结构有拼装式和焊接式。

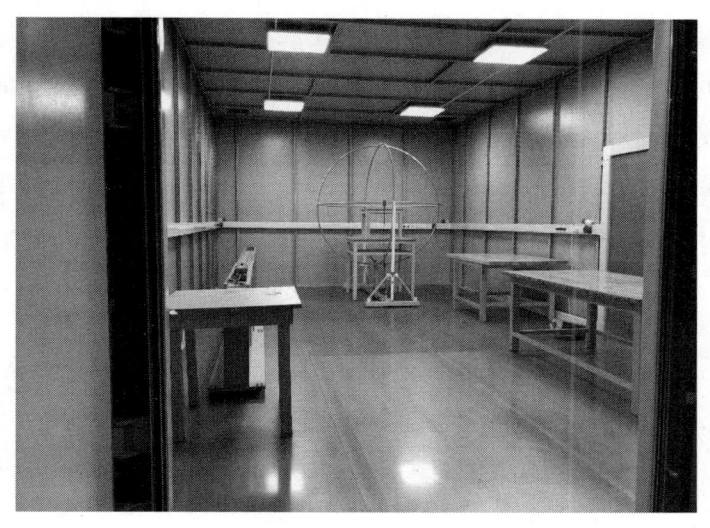

图 3-2 屏蔽室

屏蔽效能是评价屏蔽室性能的核心指标，其定义为没有屏蔽体时空间某点的电场强度 E_0（或磁场强度 H_0）与有屏蔽体时该点电场强度 E_1（或磁场强度 H_1）之比。

$$S = \frac{E_0}{E_1} = \frac{H_0}{H_1}$$

EN 50147-1 规定了屏蔽效能的测量方法。实验室认可文件 CNAS-CL01-A008 对各频段屏蔽效能要求如表 3-1 所示：

表 3-1 屏蔽室屏蔽效能指标

频率范围	屏蔽效能
0.014~1MHz	>60
1~1000MHz	>90
1~18GHz	>80

屏蔽室接地电阻。屏蔽室接地的目的一是安全接地，二是为信号电压提供基准电位。屏蔽室接地电阻应尽可能小，一般应小于 4Ω。电源进线对屏蔽室金属壁的绝缘电阻及导线与导线之间的绝缘电阻应大于 2MΩ。

屏蔽室谐振点。任何封闭式的金属空腔都能产生谐振现象。屏蔽室是一个六面体，可以视为一个矩形波导管的两端用金属板短截而成的矩形空腔。当激励源使屏蔽室产生谐振时，会使屏蔽室的屏蔽效能大大下降。实验室应通过理论计算和实际测量来获得屏蔽室的主要谐振点，并记录在案，以便在今后的电磁兼容试验中避开这些谐振点。

$$f_0 = 150\sqrt{\left(\frac{m}{l}\right)^2 + \left(\frac{n}{\omega}\right)^2 + \left(\frac{k}{h}\right)^2}$$

式中 f_0——屏蔽室固有频率，MHz；

l、ω、h——屏蔽室的长、宽、高，m；

m、n、k——分别为 0，1，2…正整数，但不能取三个或两个为 0。对于 TE 型波，m 不能为 0。

三、电波暗室

电波暗室可分为半电波暗室和全电波暗室。半电波暗室为除地面外的五面贴吸波材料，模拟半自由空间，即电波传播时有直射波和地面反射波（见图 3-3）。而全电波暗室六面均贴有吸波材料模拟自由空间。由于开阔场存在固有的一些劣势，半电波暗室成为开阔场的替代场得到普遍的应用。电磁兼容试验中，半电波暗室用于 1GHz 以下辐射骚扰场强测量，全电波暗室用于 1GHz 以上辐射骚扰场强测量和辐射抗扰度试验。

电波暗室是在屏蔽室的内侧附加吸波材料构成。吸波材料可分为单一式和组合式，单一式即采用一种吸波材料，如德国 FRANKONI 使用长 2.5m 的角锥，角锥长度通常大于或等于暗室最低测量频率对应波长的 1/4。组合式即使用铁氧体和角锥型吸波材料，铁氧体工作频段在 30～1000MHz，角锥工作频段高，可达 40GHz。角锥一般有含碳海绵吸波材料和含碳苯板吸波材料，海绵材料易变形，长期使用暗室性能会下降。苯板材料质量轻，不易变形，性能稳定。

图 3-3　3m 法半电波暗室

电波暗室首先是屏蔽室，屏蔽效能、接地电阻、绝缘阻抗皆要满足屏蔽室的要求。电波暗室作为开阔场的替代场，归一化场地衰减指标等同开阔场。

在进行辐射抗扰度试验时，还需满足场均匀性指标。在受试设备处需产生规定场强（如 3V/m），但是受试设备大小不等，因此要求在受试设备处 1.5m×1.5m 垂直平面内场强均匀。在 80～1000MHz 频率范围内的评价方式是在垂直平面内均匀划分出 16 个点，用各向同性探头测量每个场强值，取数值最接近的 12 点，剔除 4 个点。12 个数值接近的点中，最大值最小值差小于 6dB，即满足均匀性要求。在 1～18GHz 频率范围内的评价方式相对灵活，在垂直平面内均匀划分出 9 个 0.5m×0.5m 的校准窗口，只需校准窗口，75% 的校准点在 0～6dB 范围内即可。

在 1～18GHz 辐射骚扰场强测量时，试验场地需满足场地电压驻波比（SVSWR）要求，场地电压驻波比目的是评估任意一个尺寸和形状的受试设备被放入测试区域后可能造成的电磁波发射带来的影响。SVSWR 测试法是依据波的干涉原理制定的，不同频率的大于其 1/4 波长的两个空间位置所接收的最大信号和最小信号之比，即 $SVSWR_{dm} \leqslant 6dB$，则场地符合要求。

$$SVSWR_{dm} = V_{maxdB} - V_{mindB}$$

第二节 设备要求

一、频谱分析仪

频谱分析仪的作用是对一个复合信号的各个频谱成分进行分析,包括各分量的频率与幅度,其原理是通过快速傅里叶变换技术将时域信号转变为频域信号。

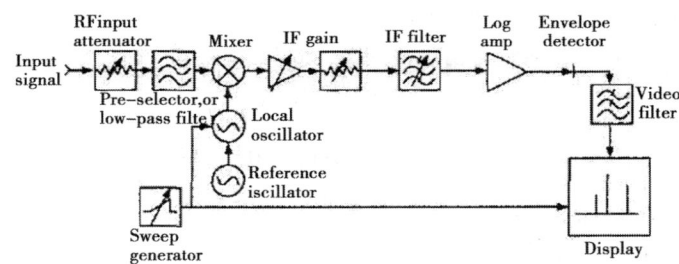

图 3-4 频谱分析仪原理框图

频谱分析仪采用频谱扫描超外差的工作方式。工作过程可简述如下:混频器将接收到的输入信号与本振产生的信号混频,当混频的频率等于中频时,这个信号可以通过中频放大器被放大,然后进行检波。检波后的信号被视频放大器放大显示出来。由于本振电路的振荡频率随着时间变化,因此频谱分析仪在不同的时间输出的频率是不同的。当本地振荡器的频率随着时间进行扫描时,屏幕上就显示出了被测信号在不同频率上的幅度,将不同频率上信号的幅度记录下来,就得到了被测信号的频谱。

频谱分析仪的主要技术指标有频率范围、分辨力、分析谱宽、分析时间、扫频速度、灵敏度等。

频率范围。即频谱分析仪进行正常工作的频率区间。现代频谱仪的频率范围能从低于1Hz至300GHz。

分辨力。即频谱分析仪在显示器上能够区分最邻近的两条谱线之间频率间隔的能力，是频谱分析仪最重要的技术指标。分辨力与滤波器型式、波形因数、带宽、本振稳定度、剩余调频和边带噪声等因素有关，扫频式频谱分析仪的分辨力还与扫描速度有关。分辨带宽越窄越好。现代频谱仪在高频段分辨力为 10～100Hz。

分析谱宽，又称频率跨度。即频谱分析仪在一次测量分析中能显示的频率范围，可等于或小于仪器的频率范围，通常是可调的。

分析时间。即完成一次频谱分析所需的时间，它与分析谱宽和分辨力有密切关系。对于实时式频谱分析仪，分析时间不能小于其最窄分辨带宽的倒数。

扫频速度。即分析谱宽与分析时间之比，也就是扫频的本振频率变化速率。

灵敏度。即频谱分析仪显示微弱信号的能力，受频谱仪内部噪声的限制，通常要求灵敏度越高越好。动态范围指在显示器上可同时观测的最强信号与最弱信号之比。现代频谱分析仪的动态范围可达 80 分贝。

二、测量接收机

为了正确评价电磁噪声的强弱，必须对其进行测量。由于危害最严重的是宽带噪声，而宽带噪声中脉冲噪声又占有很大的比重。因而电磁噪声测量系统必须考虑对脉冲噪声测量的需要。测量接收机在电磁兼容领域应用广泛，包括测量无线电骚扰电压、骚扰电流、骚扰功率或骚扰场强等。测量接收机主要检波方式包括准峰值、峰值、平均值和有效值四种。

测量接收机由三部分组成，包括线性放大电路、线性幅度检波电路以及带有一定指标要求的指示电表（见图 3-5）。

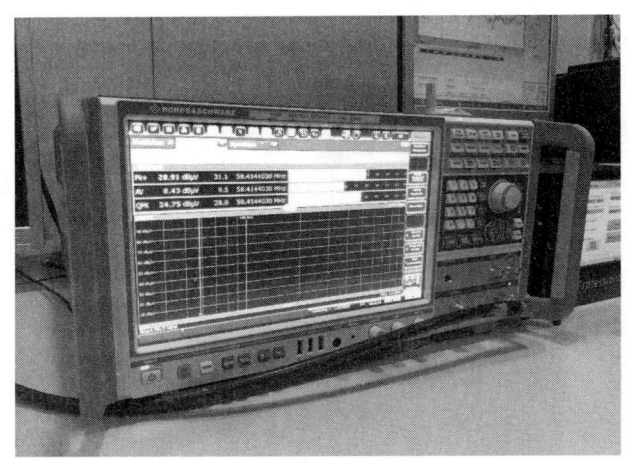

图 3-5 测量接收机实物

线性放大电路包括变频电路、中频放大器、检波后的直流放大器以及衰减器等。

幅度检波器是将中频噪声电压检波为直流或缓慢变化的脉冲电流，以推动指示电表。测量接收机的幅度检波器是将中频噪声电压的包络解调下来。

指示电表是测量接收机的最后一个组成部分，也是直接显示测量结果的部件，电表所显示的是检波器解调下来的成分直流或缓慢变化的交变电压，即使当前已广泛使用数码指示，但电表的功能仍旧一样。

测量接收机涉及如下指标，输入阻抗、正弦波电压准确度、脉冲响应、选择性、互调效应的限制、机内噪声及机内乱真信号的限值和屏蔽效能等，具体参数要求可参考 GB/T 6113-101。

三、天线

天线是在辐射骚扰场强、辐射抗扰度等项目中必须使用到的辅助设备，其主要作用是用来发射或接收电磁波，在被测设备（EUT）周围一定空间内产生规定的电场或者磁场，或者接收来自 EUT 的辐射发射场强。按适用频率范围可分为 9~150kHz 频段的 60cm 环天线，测量磁场分量；150~30MHz 频段的电场天线（1m 单极天线），测量磁场的圆形环天线（灯具磁场测试）30MHz 以上均测量电场强度。300～300MHz 频段的偶极子天线，双锥天线；300～1000MHz 频段的对数周期天线；1000MHz 频率以上的喇叭天线。本篇重点介绍常用的复合天线和喇叭天线。复合天线是指具有很宽工作频率范围的天线，被广泛应用于 30～1000MHz 辐射骚扰场强的测量。喇叭天线用于 1GHz 以上的电磁辐射骚扰场强的测量，其工作频率可以达到 18GHz。在测量过程中，天线通过接收 EUT 对外辐射出的电磁波，并将其转化成电信号传输给测量接收机，从而得到测量结果。

复合天线（见图 3-6）是由双锥天线和对数周期天线组合而成，因此其工作的频率范围覆盖 30～1000MHz，兼顾了双锥天线的工作频段 30～300MHz 和对数周期天线的工作频段 200～1000MHz。其结构如图 3-7 所示：

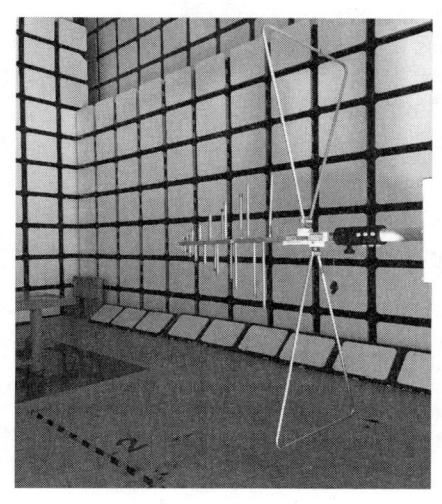
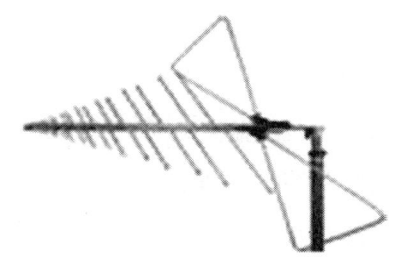

图 3-6　复合天线实物　　　　图 3-7　复合天线的结构

喇叭天线的基本结构如图 3-8 所示。喇叭天线由一段均匀的波导和一段喇叭组成。喇叭是逐渐张开的波导，终端开口。喇叭内的电磁场分布，从喇叭颈部到开口处逐渐变形。在喇叭颈部，由于导体壁发生不连续，要产生高次模。喇叭截面尺寸变化平缓时，开口面上场分布与波导内截面上场分布差异不大，高次模弱，基本只有主模沿波导传播。详见图 3-9。

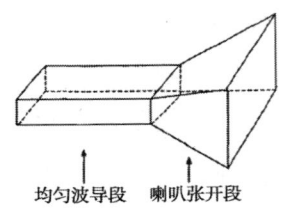

均匀波导段　　喇叭张开段

图 3-8　喇叭天线的基本结构

图 3-9　喇叭天线实物

天线的特性参数如下：

频率范围。在此频段范围内，天线的特性保持不变，如天线的电压驻波比始终不大于某一规定值。

天线增益。天线在其最大辐射方向上的辐射功率密度与理想的全向天线将相等输入功率均匀辐射时的平均功率密度之比。天线增益通常通过测试测量获得。

天线系数。在远场条件下，将空间某点被测场强与测量接收机输入端测得的端口电压直接联系的系数。对于电场天线，

$$E = V_0 + AF^E$$

式中：E——被测电场强度，dB（V/m）；

V_0——接收机端口电压读数；

AF^E——电场天线的天线系数。

不同测量距离的天线系数在远场条件下可依据远场场强随距离呈反比的衰减特性进行转换。

输入阻抗和电压驻波比。输入阻抗即天线输入端的电压与电流的比值。天线输入阻抗是天线固有的特性参数，与天线的结构、材质、工艺有关。在整个同轴传输测试系统中，天线阻抗、同轴电缆的特性阻抗、测量仪的输入阻抗相等，一般为 50Ω。若阻抗不匹配则将引起反射，形成驻波，影响测试结果。驻波比就是衡量两个射频设备之间阻抗是否匹配的重要参数。驻波比越小，越有助于提高天线的接收灵敏度，减少发射天线系统的输入功率。

最大输入功率。最大输入功率实际指的是天线用作发射天线时应该考虑天线可承受的最大功率，避免损坏天线。

天线的极化方向可以分为垂直极化和水平极化。电磁辐射的骚扰场强可以分为垂直和水平两个方向分量。在实际测量过程中，应将天线水平放置测量水平极化的分量，垂直放置测量垂直极化的分量。

相位中心。天线辐射出去的电磁波可被认为是从天线上某一点向外辐射出去的球面波，以该点为球心的球面上任意一点，电磁波相位均相等。该点成为天线的相位中心。进行辐射发射测量时，天线相位中心与 EUT 之间的距离定义为测量距离。

四、人工电源网络

在对器具进行电源端子骚扰电压测量过程中，需要用到人工电源网络。人工电源网络的主要功能是在一定的射频范围内向受试设备端子之间提供规定的负载阻抗，并能够将试验电路和供电电源的无用信号隔离，进而将 EUT 产生的骚扰电压耦合到测量接收机。

人工电源网络有两种基本类型，分为耦合非对称电压的 V 型电源网络和耦合对称电压和不对称电压的 Δ 型电源网络。其中 V 型人工电源网络又可分为 50Ω/50μH+5ΩV 型电源网络（适用于 9～150 kHz）,50Ω/5μH+1Ω V 型电源网络（适用于 150kHz～100 MHz）,150ΩV 型电源网络（适用于 150kHz～30MHz），以及 50Ω/50μH V 型电源网络（适用于 150kHz～30MHz）。

在 EMC 传导测量中最常用的是 50Ω/50μH V 型人工电源网络（见图 3-10）。该人工电源网络适用于灯具、家电、电动工具、音视频等传统消费产品的电源端子骚扰电压测试。

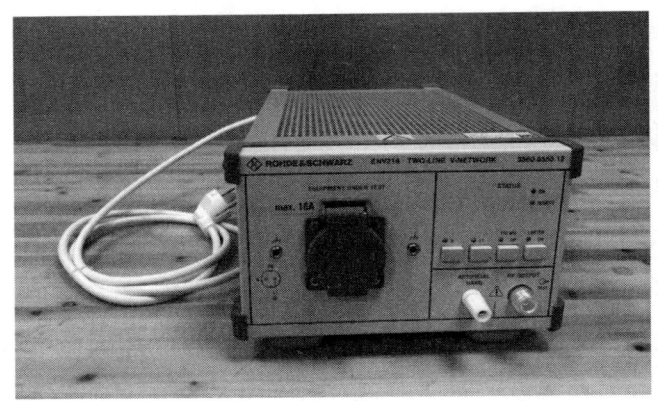

图 3-10　50Ω/50μH V 型人工电源网络

人工电源网络的特性参数如下：

阻抗特性在 0.15～30MHz 范围内，其阻抗特性如图 3-11 所示。

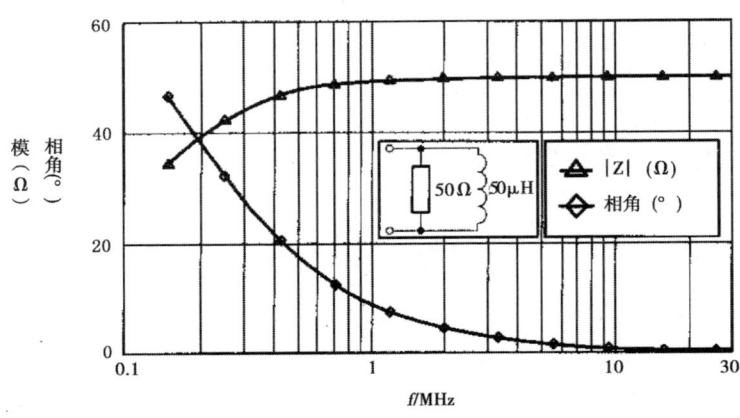

图 3-11　50Ω/50μH V 型人工电源网络的阻抗

隔离要求。为保证在所有的测试频率上电源侧的无用信号和供电电源的未知阻抗不影响测量，人工电源网络需要提供有效的隔离，$50\Omega/50\mu H$ V型人工电源网络在150KHz~30MHz的最小隔离度为40dB。

电流电压负载能力。人工电源网络对电压和电流的负载能力是一定的，施加在其上的电压电流均有最大值的限制，不得超过最大值的限制。

终端阻抗。人工电源网络端的阻抗定义为对受试设备呈现的终端阻抗，一般为50Ω，与整个测试系统实现阻抗匹配。

分压系数。应测量V型人工电源网络EUT端口和RF输出端口间的分压系数，并计入骚扰电压测量中。

五、线性阻抗稳定网络

任何接入到公共电信网络的产品都需要对其电信端口（如RJ45）骚扰电压进行测量，测量过程中需使用到线性阻抗稳定网络。线性阻抗稳定网络是一种不对称人工网络（AAN），用于测量非屏蔽对称信号（例如电信线）线上的共模电压，同时具有抑制差模信号的功能。在GB/T 9254中，这种网络被称为阻抗稳定网络（ISN）。

对于与非屏蔽平衡对线连接的电信端口，应用网线将EUT端和线性阻抗稳定网络连接起来进行试验，以评估EUT电信端口产生的共模骚扰电压。线性阻抗网络在电信端口的测量中提供足够的隔离，隔离来自与受试端口相连的辅助设备或负载的骚扰，并耦合EUT端产生的共模骚扰电压，传输给测量接收机。

线性阻抗稳定网络的特性参数如下：

纵向转换损耗（LCL）。即为差模对共模（VDM/VCM）的抑制比，图3-12为AAN的LCL值允差要求举例，该指标为线性阻抗稳定网络的关键指标。

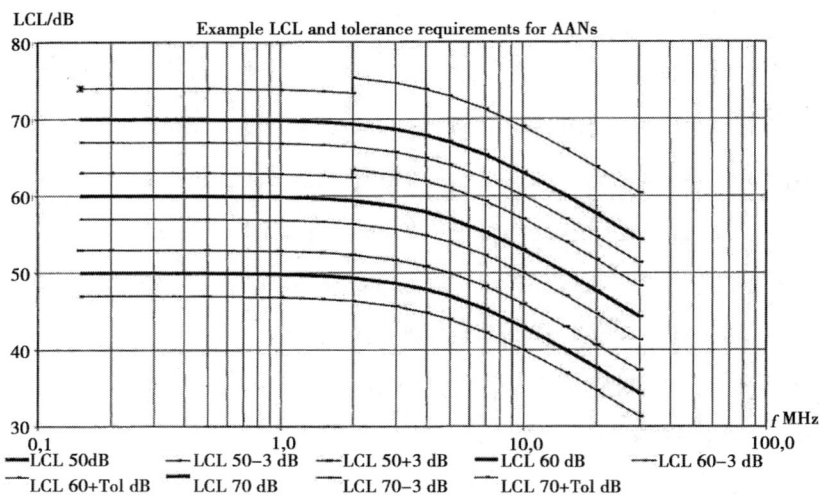

图 3-12　对 AAN 的 LCL 值及其允差要求举例

频率范围。线性阻抗稳定网络的工作频率范围为 150KHz～30MHz。

共模终端阻抗。在 0.15～30MHz 的频率范围内，共模终端阻抗为 150Ω±20Ω，相角 0°±20°。

隔离度。线性阻抗稳定网络应该提供足够的隔离，以隔离来自与受试端口相连的 AE 或负载的骚扰。推荐的隔离度为：

150KHz～1.5MHz>35～55dB（随频率的对数线性增加）

1.5～30MHz>55dB

分压系数。EUT 端口与测量接收机端口之间的不对称电路分压系数，该值应加到测量接收机的读数中去，典型值 9.5dB。

六、功率吸收钳

当骚扰信号频率低于 30MHz 时，其主要是以电压或是电流信号的形式在电源线或是信号线内传输。当骚扰信号的频率高于 30MHz 时，骚扰信号就可以通过设备的外部导线向外辐射电磁波。根据 GB/T 6113.103，对于仅有电源线作为外部导线的 EUT，其骚扰能力可以用起辐射天线作用的电源线所提供的功率来衡量。不考虑器具的直接辐射，该功率近似等于由器具提供给环绕电源线放置并处于最大吸收功率位置上的吸收装置功率。

功率吸收钳（见图3-13）是对设备电源线上骚扰功率进行测量的设备，通过在EUT的电源线上移动，功率吸收钳可以吸收EUT通过电源线对外辐射的电磁能量，并通过其内部的电流变换器，将电磁信号转变成可被接收机读取的电信号，从而测量EUT外部导线上辐射骚扰的大小。功率吸收钳用于家电、电动工具和音视频产品的骚扰功率测量。

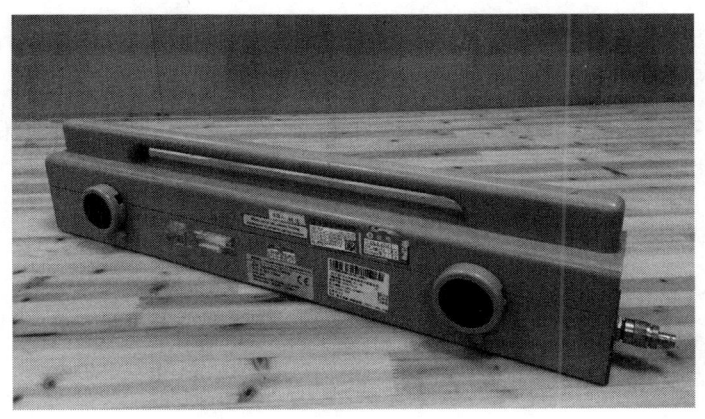

图3-13 功率吸收钳实物

吸收钳包括5个组成部分：宽带射频电流变换器、宽带射频功率吸收体和受试线的阻抗稳定器、吸收套筒、6dB衰减器和连接到接收机的同轴电缆。其结构如图3-14所示：

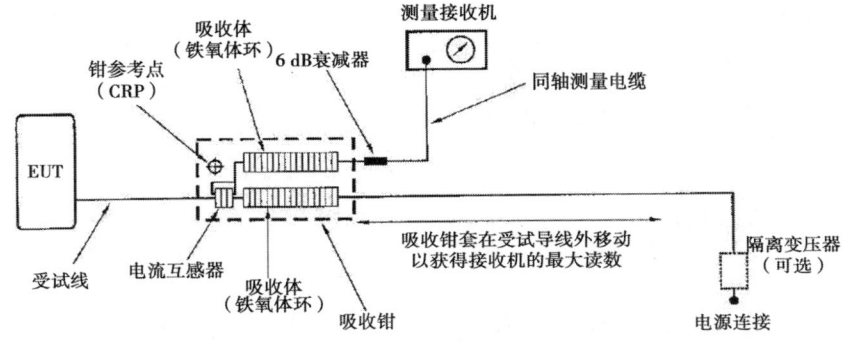

图3-14 功率吸收钳结构图

功率吸收钳的核心是电流变换器,其功能是将电磁能量转变为电流信号。电流变换器的铁心为铁氧体环,其次级线圈为单匝环绕铁氧体环的小型同轴电缆。

宽带射频功率吸收体和受试线的阻抗稳定器由多个铁氧体环组成,其功能是将电流变换器与受试线的远端隔离开来,减小所连接电源的骚扰影响和远端的阻抗的骚扰影响以及对被测电流的影响。

吸收套筒是在电流变换器和测量接收机之间的同轴电缆上放置的铁氧体环,其功能是对电流变换器和接收电缆的共模阻抗进行去耦。

功率吸收钳的特性参数如下:

频率范围。30~1000MHz,可以用于接收30~1000MHz的电磁辐射骚扰信号,并将其转化成电信号,传输给测试接收机。

实际钳因子 CF_{act}。实际钳因子是吸收钳的固有参数,EUT 的实际骚扰功率 P_{EUT} 为吸收钳的输出信号 V_{rec} 与实际钳因子之和,

$$P_{EUT} = CF_{act} + V_{rec}$$

宽带射频吸收器的去耦因子 DF。功率吸收钳的电流变换器测量骚扰功率时,环绕受试线的铁氧体环的去耦衰减就会产生不对称阻抗,该去耦衰减被称为去耦因子 DF,在整个频段上,去耦因子至少是21dB。

接收机去耦因子 DR。吸收钳需要二次去耦,这是对电流变换器与接收电缆的不对称阻抗进行去耦,通过在电流变换器和测量接收机之间的电缆上放置铁氧体环实现的,该去耦衰减也被称为接收机去耦因子 DR。接收机去耦因子 DR 至少为 30 dB。

吸收钳的长度。外壳长度应为 600±40mm。

七、谐波仪

在电力系统中,谐波产生的根本原因是由于非线性负载所致。当电流流经负载时,与所加的电压不呈线性关系,就形成非正弦电流,即电路中

有谐波产生。谐波频率是基波频率的整倍数,任何重复的波形都可以分解为含有基波频率和一系列为基波倍数的谐波的正弦波分量。

由于电子产品内部大量使用开关电源,在提高电源利效率的同时,由于非线性的电能转换,会向电网里注入大量谐波电流,它不仅会干扰同一电网中的其他设备,还会使电网的中线电流超出一定范围。谐波测试仪(见图3-15)主要测量EUT工作时注入电网中的谐波,谐波测量电路中,试验电源S是一个理想化的交流电源,具有内阻小、波形纯、电压稳和频率准的特点。测量设备M是个离散傅里叶变换的时域分析仪器,可以分析1~40阶次的谐波电流值。详见图3-16。

图3-15 谐波电流、电压波动及闪烁测试仪实物

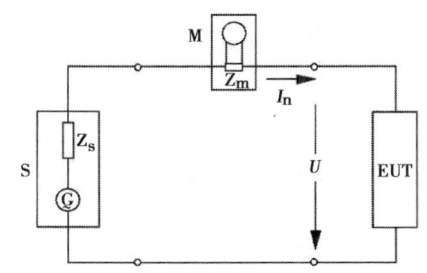

S—供电电源; EUT—受试设备;
Z_m—测量设备的输入阻抗; I_n—线电流的n次谐波分量;
M—测量设备; U—试验电压;
Z_S—供电电源的内阻抗; G—供电电源的开路电压。

图3-16 谐波设备测量电路示意图

谐波仪主要指标：

试验电压。试验电压应为受试设备的额定电压，单相和三相电源的试验电压分别为220V或者380V。试验电压的变化范围应保持在额定电压的±2%之内，频率变化的范围应保持在额定频率的±0.5%之内。

三相试验电源相位角。每一对相电压基波之间的相位角应为120°±1.5°。

电源谐波含有率。如表3-2所示。

表3-2 电源谐波含量限值

3次谐波	0.9%
5次谐波	0.4%
7次谐波	0.3%
9次谐波	0.2%
2~10次谐波	0.2%
11~40次谐波	0.1%

试验电压峰值。峰值应在其有效值的1.40~1.42倍之内，并应在过零后87°~93°达到峰值。

八、电压波动与闪烁仪

电压波动和闪烁是指一系列电压随机变动或工频电压方均根值的周期性变化，以及由此引起的照明闪变。它是电能质量的一个重要技术指标。

电压波动和闪烁仪，主要测量EUT引起的电网电压的变化。电压变化产生的干扰影响不仅仅取决于电压变化的幅度，还取决于它发生的频度。电压变化通常用两类指标来评价，即电压波动和闪烁。电压波动指标反映了突然的较大的电压变化程度，而闪烁指标则反映了一段时间内连续的电压变化情况。设备应采用如图3-17所示的试验电路。

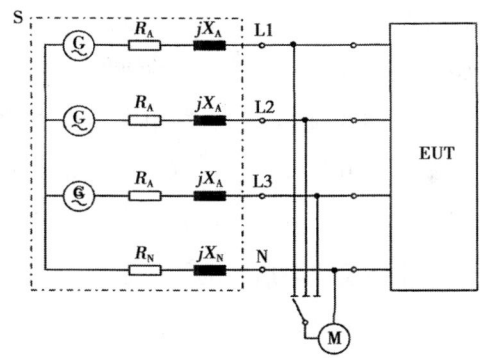

图 3-17　由三相四线制电源引出用于单相和三相电源的参考网络

EUT——受试设备；

M——测量设备；

S——由电源电压发生器 G 和参考阻抗 Z 组成的供电电源，Z 由下列元件组成：

$$R_A = 0.24\Omega;\ jX_A = 0.15\Omega\quad 50Hz$$
$$R_N = 0.16\Omega;\ jX_N = 0.10\Omega\quad 50Hz$$

电压波动与闪烁仪的主要指标：

相对于最大值 d_{max}，确定相对电压变化"d"的总的准确度应优于±8%。电路总阻抗，不包括受试设备阻抗，但包括电源的内部阻抗，应等于参考阻抗。该总阻抗的稳定性和容差应足以确保在整个频段过程中达到±8%的系统准确度。

电流精度。电流幅度的测量必须达到±1%或者更高的准确度，如果使用相角代替有功和无功电流，测量误差应不超过±2°。

试验电压。试验电压应为受试设备的额定电压，单相和三相电源的试验电压分别为 220V 或者 380V。试验电压的变化范围应保持在额定电压的±2%之内，频率变化的范围应保持在额定频率的±0.5%之内。

电源电压总谐波失真率应小于 3%。

九、静电放电发生器

带静电的物体进行放电时产生放电电流。这个放电电流会产生短暂的强度很大的电磁场。放电时产生短暂的放电电流和相应的电磁场可能引起电气、电子设备的电路发生故障。

静电放电发生器（见图 3-18）主要是用来模拟人体所带静电，观察电子相关的产品在静电的作用下是否还能保持正常的工作。保护设备免受静电放电的危害，无论对生产厂或者对用户都是一个十分重要的问题，特别是当设备采用微电子器件组装以后，为了确保产品和系统的可靠性，对静电放电危害性问题的考虑显得尤其重要。

静电放电发生器的电路简图如图 3-19 所示。测试仪放电时的脉冲波形并不取决于高压电源，主要是决定于放电器内部的贮能电容、放电电阻和外部负载种类。

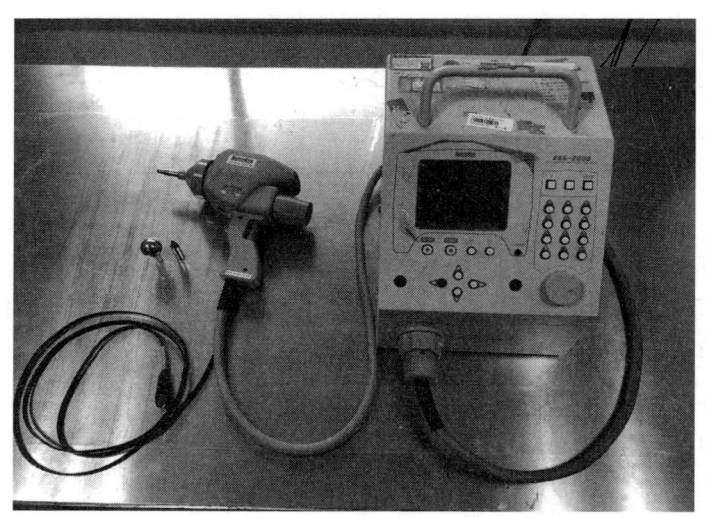

图 3-18 静电放电发生器实物

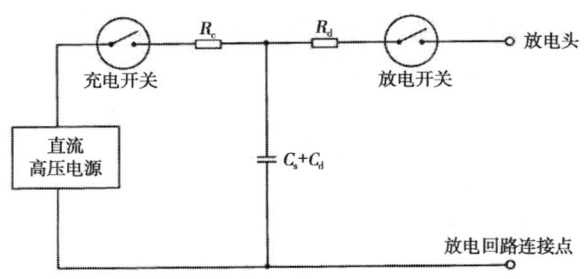

图 3-19 静电放电发生器电路简图

静电放电发生器主要指标如表3-3所示。

表3-3 静电放电发生器指标

贮能电容（C_s+C_d）	150PF±10%
放电电阻（R_d）	330Ω±10%
充电电阻（R_c）	50～100MΩ
输出电压：8kv（额定值）	用于接触放电
15kv（额定值）	用于空气放电
输出电压偏差	±5%
输出电压极性	正或负
保持时间	至少5秒
放电次数：单次	至少1秒1次
放电电流波形	见图3-20

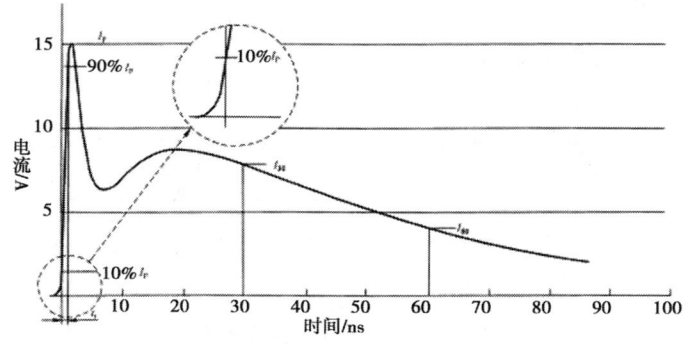

图3-20 理想的接触放电电流波形

十、电快速瞬变脉冲群发生器

电快速瞬变脉冲群发生器用于电快速脉冲群抗扰度试验。试验是将许多快速瞬变脉冲组成的脉冲群耦合到电子和电气设备的电源端口、控制端口、信号端口和接地端口。试验目的是为验证电子电气设备对诸如来自切换瞬态过程（切断感性负载、继电器触点弹跳等）的各种类型瞬变骚扰的抗扰度。

电快速脉冲群发生器的电路如图3-21所示。经由挑选的电路元件C_c，R_s，R_m 和 C_d 使发生器在开路和接50Ω阻性负载的条件下产生一个快速瞬变脉冲如图 3-22 所示。由脉冲组成的试验波形如图 3-23 所示。信号发生器的有效输出阻抗应为 50Ω。

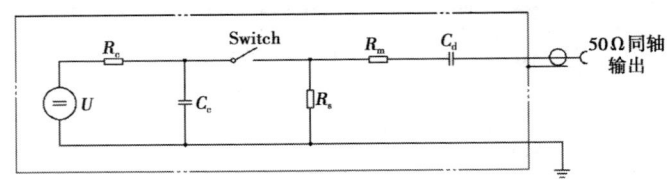

U—高压源； R_c—充电电阻； C_e—储能电容器；
R_s—脉冲持续时间调整电阻； R_m—阻抗匹配电阻； C_d—隔直电容；   Switch—高压开关。

图 3-21 电快速脉冲群发生器原理图

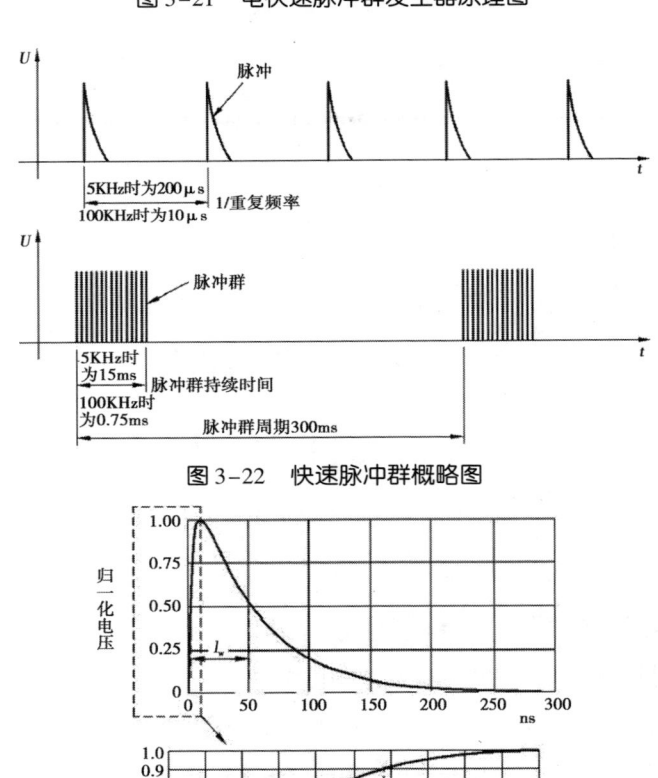

图 3-22 快速脉冲群概略图

图 3-23 单个脉冲波形图

快速瞬变脉冲群发生器的特性如下：

——1000Ω 负载时输出电压范围是 0.24~3.8kV；

——50Ω 负载时输出电压范围是 0.125~2kV。

发生器应能在短路条件下工作不被破坏。

特性：

——极性：正极性、负极性；

——输出型式：同轴输出，50Ω；

——隔直电容：（10±2）nF；

——重复频率：重复频率值×（1±20%）kHz；

——与交流电源关系：异步；

——脉冲群持续时间：5kHz 时为（15±3）ms；

　　　　　　　　　100kHz 时为（0.75±0.15）ms；

——脉冲群周期：（300±60）ms。

十一、浪涌发生器

浪涌发生器（见图 3-24）用于浪涌（冲击）抗扰度试验。开关操作（例如电容器组的切换、晶闸管的通断、设备或系统对地短路和电弧故障等）或雷击可以在电网或通信上产生暂态过电压或过电流，这种过电压和过电流称作浪涌或冲击。浪涌呈现脉冲状，其波前时间为微秒级，脉冲幅度可达几万伏，电流到几百安，是一种能量较大的骚扰。浪涌信号发生器将骚扰信号耦合到电子和电气设备的电源端口、控制端口、信号端口和接地端口。

浪涌发生器按照输出的波形特征可分为，1.2/50μs-8/20μs 组合波发生器（见图 3-25）和 10/700μs-5/320μs 组合波发生器，1.2/50μs 和 10/700μs 为开路电压波形，8/20μs 和 5/320μs 为短路电流波形。

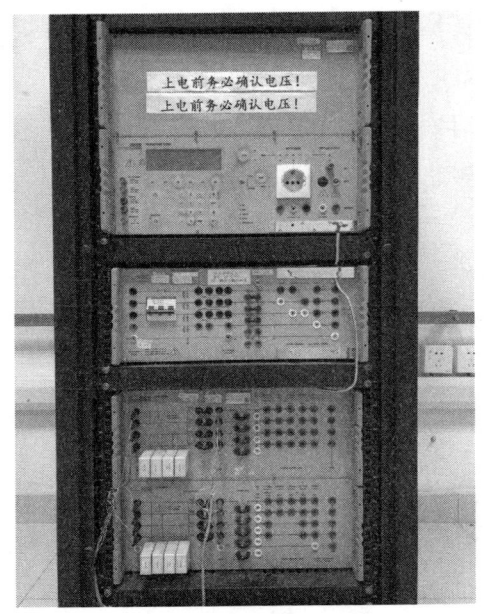

图 3-24 浪涌发生器实物

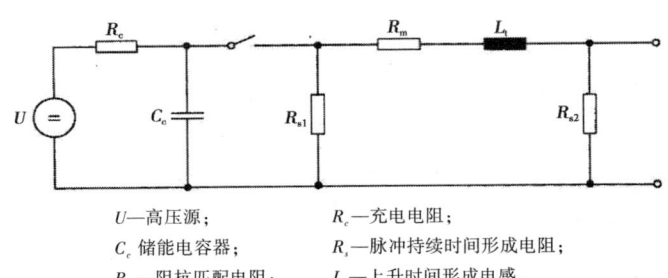

U—高压源； R_c—充电电阻；
C_c—储能电容器； R_s—脉冲持续时间形成电阻；
R_m—阻抗匹配电阻； L_r—上升时间形成电感。

图 3-25 组合波发生器的电路原理图（1.2/50μs-8/20μs）

1.2/50μs-8/20μs 组合波发生器特性：

极性：正极性、负极性；

相移：相对于 EUT 交流线电压的相位在 0°～360°变化，允差±10°；

重复率：每分钟 1 次，或更快；

开路输出电压峰值：0.5kV 起至所需的试验电平，可调；

有效输出阻抗：2×（1±10%）Ω。

1.2/50μs 开路电压波形及 8/20μs 短路电流波形分别如图 3-26、3-27 所示。

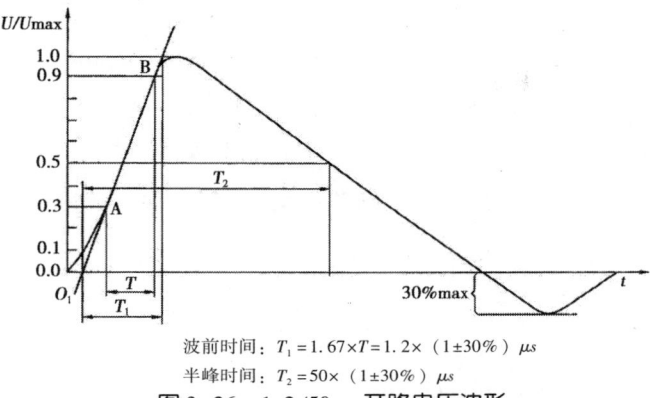

波前时间：$T_1 = 1.67 \times T = 1.2 \times (1\pm30\%)$ μs
半峰时间：$T_2 = 50 \times (1\pm30\%)$ μs

图 3-26 1.2/50μs 开路电压波形

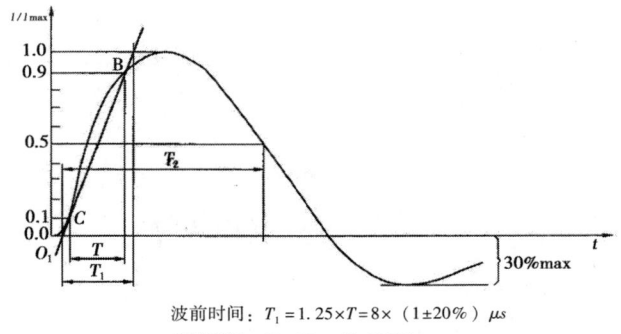

波前时间：$T_1 = 1.25 \times T = 8 \times (1\pm20\%)$ μs
半峰时间：$T_2 = 20 \times (1\pm20\%)$ μs

图 3-27 8/20μs 短路电流波形

10/700μs-5/320μs 组合波发生器特性如下：

极性：正极性、负极性；

重复率：每分钟一次，或更快；

开路输出电压峰值：0.5kV 起至所需的试验电平，可调；

有效输出阻抗：40×（1±10%）Ω（仅对发生器的输出端）。

10/70μs-5/320μs 组合波发生器的电路原理、10/700μs 开路电压波形、5/320 短路电流波形如图 3-28、3-29、3-30 所示。

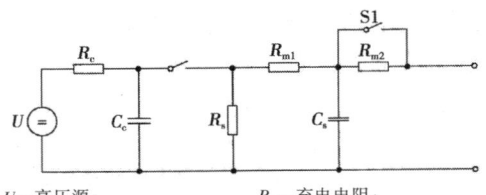

U—高压源； R_c—充电电阻；
C_c—储能电容； R_s—脉冲持续时间形成电阻；
R_m—阻抗匹配电阻； C_s—上升时间形成电容；
S_1—使用外部匹配电阻时，开关闭合。

图 3-28　组合波发生器的电路原理图（10/700μs–5/320μs）

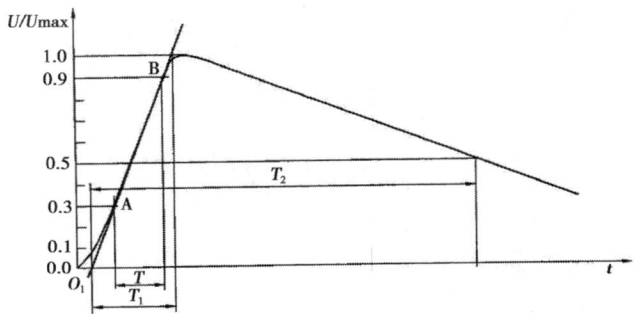

波前时间：$T_1 = 1.67 \times T = 10 \times (1 \pm 30\%)$ μs

半峰时间：$T_2 = 700 \times (1 \pm 20\%)$ μs

图 3-29　10/700μs 开路电压波形

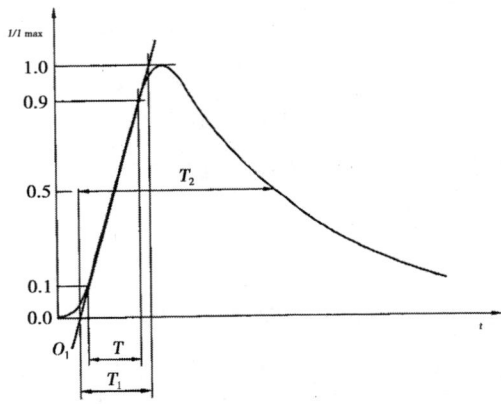

波前时间：$T_1 = 1.25 \times T = 5 \times (1 \pm 20\%)$ μs

半峰时间：$T_2 = 320 \times (1 \pm 20\%)$ μs

图 3-30　5/320μs 短路电流波形

十二、工频磁场仪

工频磁场是由导体中的工频电流产生的,其目的是建立一个具有共同性和重复性的基准,以评价处于工频(连续和短时)磁场中的家用、商业和工业用电气和电子设备的性能。工频磁场线圈如图 3-31 所示。

图 3-31　工频磁场线圈实物

典型的电流源由一台调压器、一台电流互感器和一台短时试验的控制电路组成。发生器(见图 3-32)应能在连续方式和短时方式下运行。

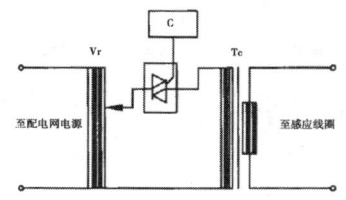

V_r—调压器；C—控制回路；T_c—变流器。

图 3-32　工频磁场试发生器的原理图

发生器的特征如下：

稳定持续方式工作时的输出电流范围：1~100A,除以线圈因数；

短时方式工作时的输出电流范围：300~1000A,除以线圈因数；

输出电流的总畸变率：小于 8%；

短时方式工作时的整定时间：1~3s。

十三、电压暂降和短时中断仪

电压暂降、短时中断是由电网、电力设施的故障或负荷突然出现大的变化引起的。在某些情况下会出现两次或更多次连续的暂降或中断。电压变化是由连接到电网的负荷连续变化引起的。电压暂降和短时中断抗扰度试验目的：规定了不同类型的实验来模拟电压的突变效应，以便建立一种评价电气和电子设备在经受这种变化时的抗扰性通用准则。

采用调压器和开关进行电压暂降、短时中断和电压变化的试验原理如图 3-33 所示。电压暂降和短时中断仪特性参数如表 3-4 所示。

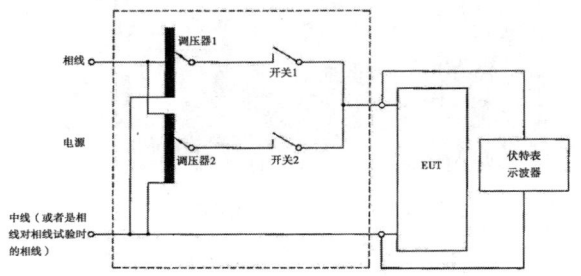

图 3-33 采用调压器和开关进行电压暂降、短时中断和电压变化的试验原理图

表 3-4 电压暂降和短时中断仪特性参数

空载时输出电压	±5% 剩余电压值
发生器输出端电压随负载的变化 100%输出，0~16A 80%输出，0~20A 70%输出，0~23A 40%输出，0~40A	<5% U_T <5% U_T <5% U_T <5% U_T
输出电流能力	额定电压下每相电流的均方根值为 16A，发生器应该有能力在额定电压的 80% 下输出 20A，持续时间达到 5s。在额定电压的 70% 下输出 23A，持续时间达到 3s。在额定电压的 40% 下输出 40A，持续时间达到 3s

续 表

空载时输出电压	±5% 剩余电压值
峰值冲击电流驱动能力（对电压变化试验不做要求）	不应受发生器的限制，但发生器的最大峰值驱动能力不必超过 1000A（相对 250~600V 电源），500A（相对 220~240V 电源），250A（相对 100~120V 电源）
空载时输出电压	±5% 剩余电压值
发生器带有 100Ω 阻性负载时，实际电压的瞬间峰值过冲/欠冲	<5% U_T
发生器带有 100Ω 阻性负载时，突变过程中电压上升时间 t_r 和下降时间 t_f	1~5μs
相位变化	0°~360°
电压暂降和终端与电源频率的相位关系	<±10°
发生器的过零控制	±10°

第三节　试验原理与试验方法

一、传导连续骚扰

本节以标准 GB/T 6113.201—2017、GB/T 9254—2008/ CISPR22：2006 为依据，介绍频率范围 9kHz~30MHz 的电源端传导连续骚扰和频率范围 150kHz~30MHz 的电信端传导骚扰的试验原理、试验方法等内容。

1. 传导连续骚扰

传导骚扰（conducted disturbance），通常又称为传导发射（conduct emission），指通过一个或多个导体传递能量的电磁骚扰。

传导骚扰根据持续时间与发生的时间间隔，可以分为传导连续骚扰和断续骚扰（或称喀呖声）。所有用电产品都会产生有用或者无用信号，这些信号都多多少少会从产品的各个端口往外传输/发射，即产品的各种端口都可产生传导骚扰。根据传导发射的端口不同，可以分为电源端、控制端、负载端和电信端传导骚扰。

电源端传导骚扰（conducted emission at power ports），即指从 EUT 电源端口发射出来的共模骚扰，即 L 对地或者 N 对地之间的骚扰。

电信端传导骚扰（conducted disturbance at telecommunication ports），即指从 EUT 电信端口发射出来的共模骚扰。

2. 传导连续骚扰测量原理

（1）电源端传导连续骚扰测量原理

测试原理图见图 3-34。端口共模骚扰电压测量均以地为基准。针对电源端传导共模骚扰的特性，供电电源通过人工电源网络 LISN 给 EUT 供电，EMI 测试接收机连接 LISN 射频输出端口获取传导共模骚扰信号。

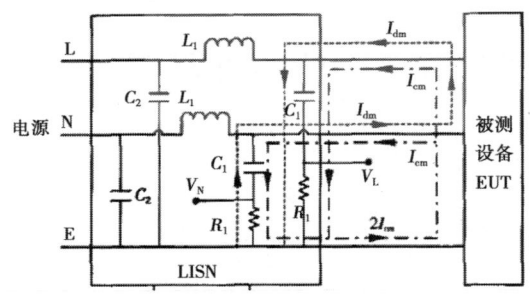

图 3-34　测试原理

图 3-34 中 LISN 中的大电感 L 通低频阻高频，小电容 C 通高频阻低频，供电端与 EUT 电源端之间相当于一个低通滤波器，允许工频电流直通给 EUT 供电；对高频信号则提供足够的隔离，不让电网的高频噪声到达 EUT 电源端口，也不让 EUT 电源端的高频噪声到达供电端；同时，从接收机连接端 Vl 或者 Vn 看 EUT 电源端，就是一个高通滤波器，对低频信号显示高阻抗、对高频信号显示低阻抗，只允许 EUT 产生的高频噪声通过，这

样就确保 EMI 测试接收机连接 LISN 射频输出端口获取的是 EUT 自身产生的共模骚扰信号。LISN 射频输出端芯线通过内部选择开关选择与 Vl 或者 Vn 连接。

优选 LISN 法，允许某些情况下使用电压探头或者电流探。为了达到测试结果客观公正、可重现，应通过相关标准统一规范试验场地、测试设备、辅助设备要求及试验条件和方法。

（2）电信端传导骚扰测量原理

端口共模骚扰电压测量均以地为基准。针对电信端传导共模骚扰的特性，为了模拟 EUT 正常典型的工作状态，规定 EUT 运行约定的软件在试验条件下与电信局端（辅助设备 AE）传输数据，根据 EUT 端口传输速率选择匹配的电缆类型，选择合适方法（ISN 电压法或者电流探头法）进行检测，测试连接参见图 3-35。如果采用电流探头法，电流探头法传输感应信号给接收机，考虑探头因子计算检测结果。如果采用 ISN 电压法，根据传输电缆类型选择具有相应纵向转换损耗（LCL）的阻抗稳定网络 ISN 及合适的接口，EMI 测试接收机连接 ISN 射频输出端口获取传导共模骚扰信号。

阻抗稳定网络 ISN 应能提供足够的隔离，以隔离那些来自与受试电信端口相连的 AE 或负载的骚扰。ISN 对于 AE 的共模电流或电压骚扰的衰减应足够大，使得在测量接收机的输入端测得的非 EUT 导致的骚扰电平比相应的限值至少低 10dB。

为了达到测试结果客观公正、可重现，应通过相关标准统一规范试验场地、测试设备、辅助设备要求及试验条件和方法。

3. 试验场地条件

（1）试验场地

环境噪声电平应至少低于相应限值 6dB。或者在超过限值的每一个频率点上同时满足：

环境噪声电平应至少低于 EUT 骚扰合成环境噪声电平 6dB；环境噪声电平应至少低于相应限值 4.8dB。

建议在符合 CNAS-CL01-A008 要求的屏蔽室内进行测量。

（2）试验台

绝缘试验台相对台式 EUT 应足够大，一般情况下，可以选择如下尺寸的绝缘试验桌：

台面大小 1.5m×1.0m，高度为 0.8m 和 0.4m 可选。

需要接地参考平面（GRP）：垂直或水平放置的参考接地平板应至少超出测试布置投影 0.5m，且最小尺寸为 2m×2m。应使用尽可能短的导体将 AMN 和 ISN 的参考接地点链接到参考接地平板上。

EUT 应方便放置在试验台上，与 ISN 之间的距离为 0.8m，到一个金属墙面 0.4m 的距离，并且与其他接地导电表面保持至少 0.8m 的距离。

（3）气候条件

优先按照产品或产品类标准规定；

如果产品或产品类标准没有规定，实验室气候条件应同时符合 EUT 和测试设备制造商规定运行条件的要求，受试设备应在预期的气候条件下工作。

没有规定时，建议试验在以下常温条件下进行：

环境温度：15～35℃；相对湿度：25%～75%；大气压力：86～106kPa。

4. 试验布置

如果存在同一类型的多个接口，依据预测试的结果，可能有必要对 EUT 添加互连电缆、负载或装置。只要 EUT 仍然满足要求，则增加相同类型的线缆的数量应受到以下条件限制：再增加线缆不明显影响发射电平的大小，即变化小于 2 dB。有关端口的配置和负载的选择理由应在试验报告中注明。

(1) AN（或者 ISN）的连接

AN 或者 ISN 与 EUT 配置、连接、布置要求相同。

1) AN 与接收机之间需要插入 10dB 衰减，可以 AN 自带；目的是保证 EUT 端口对于 AN 阻抗误差在规定允许范围内的要求。

2) 接地线电感不能超过 50nH；人工网络要用一个低射频阻抗搭接到参考接地平面上，例如，将 AN 的外壳与屏蔽室的参考地直接搭接，或者用一个尽可能短而宽的（最大长宽比为 3∶1，且电感小于 50nH，在 30MHz 时等效阻抗小于 10Ω）低阻抗导体来连接。

3) 要保证测量仅以参考地为基准，即保证 AN 始终是射频单点接地，避免地环路公共阻抗的影响。如果 AN 需要电气保护地（PE）连接，则需要端接 PE 扼流圈。测量设备与 AN 应有射频隔离，如果 EMI 接收机接地，则其 PE 扼流圈是必须的，而且如果接收机在屏蔽室外，则在 AN 这端与接收机的射频电缆上应该加装屏蔽层电流抑制器。PE 扼流圈对于电源的阻抗应该极低，其与屏蔽层电流抑制器的电感应较大于 AN 接地线电感。尽量减小 PE 与 GRP 之间电位差，避免由于直流或者低频电流让 PE 扼流圈出现饱和而失去预期射频隔离作用。

(2) 设备试验布置

以台式设备为例，图 3-35 为台式设备电源线传导骚扰测量的试验布置图。

不论接地与否，台式 EUT 都应按下述规定放置：

EUT 的底部或背面应放置在离参考接地平面 40cm 的可操纵的距离上。该接地平面通常是屏蔽室的某个墙面或地板，它也可以是一个至少为 2m×2m 的接地金属平板。

EUT 和 AMN 试验配置如图 3-36 所示。

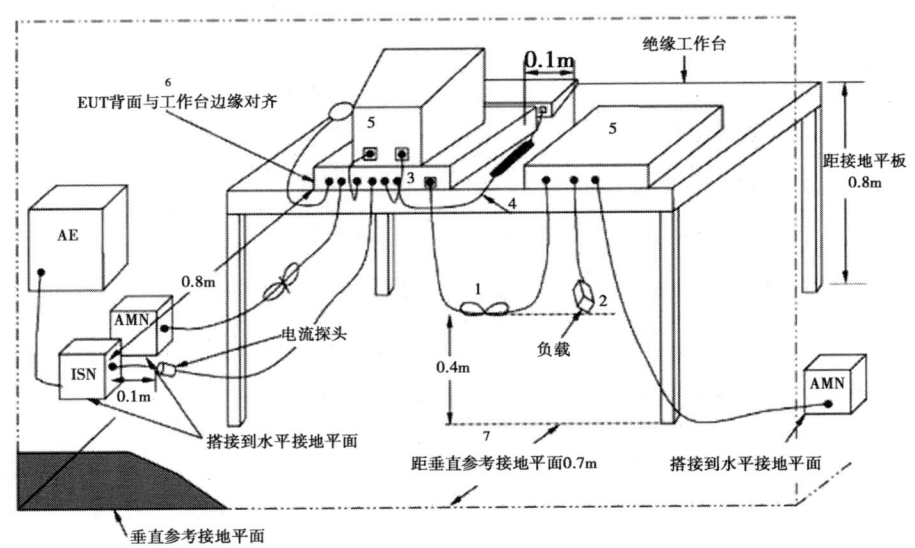

图 3-35　台式设备电源线传导骚扰测量的试验布置图

说明：

1. 离接地平面距离小于 40cm 的那些下垂的互连电缆应来回捆扎成不超过 40cm 长的线束，大约悬在接地平面与工作台的中间。电缆的弯曲不能超过电缆最小的弯曲半径。如果弯曲半径导致捆扎线束的长度超过 40cm，则应由弯曲半径来确定捆扎线束的长度。

2. 连接到外部设备的 I/O 电缆应在其中心处捆扎起来。如要求使用规定的端接阻抗，电缆的末端应端接阻抗。如可能，其总长度应不超过 1m。

3. EUT 与一个 AMN 连接。如果不连接测量接收机，AMN 和 ISN 测量端应连接 50Ω 负载。如果垂直接地平面是参考接地平面，AMN 直接放置在水平接地平面上，距离 EUT 80cm，距离垂直地平面 40cm［见图 3-36a］。另外一种选择是［见图 3-36b］。如果水平接地平面是参考接地平面，其位于 EUT 下方 40cm 处，则 AMN 放置于垂直接地平面，距离 EUT 80cmn。为了满足 80cm 的距离，AMN 可能需要移至边缘。如果第二个 AMN 可以提供需要的功率，所有 EUT 辅助设备连接至第二个 AMN。如果一个单独的 AMN 不能提供所需的功率，可以使用几个 AMN 为 EUT 辅助设备供电。

4. 用手操作的装置，如键盘、鼠标等，其电缆应尽可能地接近主机放置。

5. 非 EUT 受试组件。

6. EUT 及外部设备的后部都应排成一排，并与工作台面的后部齐平。

7. 工作台面的后部应与接到地平面上的垂直导电平面相距 40cm。

电缆长度和距离允差尽可能接近实际应用。

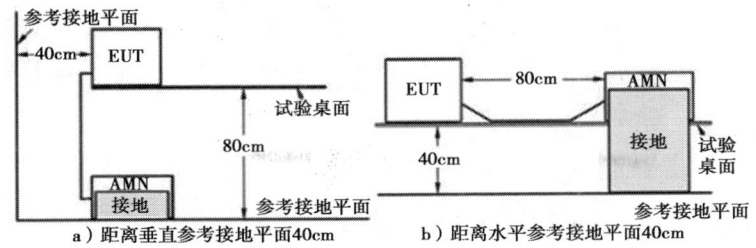

图 3-36　EUT 和 AMN 的配置图

5. 电源端传导连续骚扰检测

（1）总体要求

无线电骚扰的测试必须在 CISPR 16-4-2 允许的不确定度范围内满足以下条件：

1）其有可重复性，例如与测量地点、测量环境无关，尤其与环境噪声无关。

2）无相互作用，例如与测量设备的连接应该既不影响 EUT 的功能，也不影响测试结果的准确度。

如按以下条件，可能会满足上述要求：

①在所需测量的电平上要有足够的信噪比，例如在有关骚扰限值的电平点上。

②对测量装置、EUT 的运行条件和终端接法都作出明确规定。

③采用电压探头对电源线进行测量时，该探头应符合 CISPR 16-1-2 规定的阻抗为 $1.5k\Omega$；对其他电路测量时，探头的阻抗或可以增加（如有源电压探头）来避免高阻抗电路的过载。

④采用电流探头测量时，该探头应符合 CISPR 16-1-2 规定，在测量电路中引入的最大阻抗小于 1Ω。

（2）EUT 测试状态

1）EUT 应运行在该测量频率上能产生最大骚扰的实际工作状态。

2）系统应运行在额定（常规）工作电压和典型负载条件下——为系统而设计的机械负载或电气负载或是这两种负载。负载可以是真实的，或是如个别设备的要求中所描述的那种模拟的。对于某些系统，也许有必要制定出一套明确的要求来规定试验条件、运行条件等，用于试验专门的系统。

3）如果系统包括视频显示装置或监视器，则要采用下述运行条件，除非产品标准另有规定别的运行条件：

①对比度调到最大状态；

②亮度调到最大，若光栅消失在尚未达到最大亮度时就发生，则调节在光栅消失处；

③对于彩色监视器，在黑色背景上用白色字母来代表全彩色；

④如果两者都可得到的话，选择正负视频中最差的一种情况；

⑤选择每行的字母数和字母大小，以便显示出每屏最多的字母数；

⑥对于无图形功能的监视器，都应显示由随机文本组成的图案，与使用的视频卡无关；

⑦对有图形功能的监视器，即使需要使用其他的视频卡才能完成图形显示，也应显示滚动的满屏 H 图案；

⑧如果监视器没有文本功能，则使用典型的显示功能。

4）更多产品的测试状态请查阅相关标准。

（3）测量时间

无论手动测量还是自动测量或半自动测量，测量和扫频接收机的测量时间和扫频速率应设置在可以测得最大发射值的状态，特别是当用峰值检波器作预扫时，测量时间和扫频速率应根据 EUT 的发射情况做适当调整。标准 GB/T 6113.201—2017 第 8 章提供了如何进行自动测量的导则。

频谱分析仪或扫频接收机的扫频速率应相对于 CSIPR 频段和所用的检波方式来进行调整。最小扫频时间/频率或最快扫频速率见表 3-5。

表 3-5　最快扫频速率

频段	峰值检波	准峰值检波
A	100 ms/kHz	20 ms/kHz
B	100 ms/MHz	200 ms/kHz
C/D	1 ms/MHz	20 ms/kHz

在指定的频率范围内进行测量的最短测量（驻留）时间见表 3-6。其为扫频接收机和基于 FFT 的测量仪器的最短测量（驻留）时间，表 3-5 是频谱分析仪的扫频时间，它适用于连续波信号。表 3-7 中的最短扫频时间按整个 CISPR 的频段给出。

表 3-6　4 段 CISPR 频段的最短测量时间 T_{ms}

频段	最短测量时间 T_{ms}
A	9～150kHz	10.00ms
B	0.15～30MHz	0.50ms
C/D	30～1000MHz	0.06ms
E	1～18GHz	0.01ms

表 3-7　使用峰值和准峰值检波器时的 3 段 CISPR 频段的最短扫频时间 T_s

CISPR 频段		峰值检波器最短扫频时间 T_s	准峰值检波器最短扫频时间 T_s
A	9～150kHz	14.1s	2820s=47min
B	0.15～30MHz	2.985s	5970s=99.5min=4h 39min
C/D	30～1000MHz	0.97s	19400s=323.3min=5h 23min

观测到发射电平不稳定时，观测时间延长到 15s。

下列通用程序能减少测量时间：

信号检测（预扫）-数据筛选-发射最大值的选取及最终测量-数据处

理和报告。

6. 电信端口传导骚扰检测

（1）正确选择 ISN

适用时，应根据 EUT 电信端口传输速率与传输电缆的类型，选择合适的纵向转换系数（LCL）的来测量电信端口。

1）对六类（或更好）非屏蔽平衡对线电缆所连接端口进行测量时所用的 ISN

LCL 按下式随频率（MHz）变化：$LCL\,(dB) = 75 - 10\lg\left[1 + \left(\dfrac{f}{5}\right)^2\right]dB$

容差为：f<2MHz 时，±3dB；2~30MHz 时，-3dB/+6dB。

2）对五类（或更好）非屏蔽平衡对线电缆所连接端口进行测量时所用的 ISN

LCL 按下式随频率（MHz）变化：$LCL\,(dB) = 65 - 10\lg\left[1 + \left(\dfrac{f}{5}\right)^2\right]dB$。

3）对三类（或更好）非屏蔽平衡对线电缆所连接端口进行测量时所用的 ISN

LCL 按下式随频率（MHz）变化：$LCL\,(dB) = 55 - 10\lg\left[1 + \left(\dfrac{f}{5}\right)^2\right]dB$（±3dB）。

要求在有用信号频带内，由于 ISN 插入而引起的衰减失真或其他信号质量下降不应影响 EUT 的正常工作。

ISN 电压测量端口提供的电压分压系数定义为：

$$电压分压系数 = 20\lg|V_{cm}/V_{mp}|\ dB$$

式中，V_{cm} 为 ISN 的 EUT 端口的共模阻抗两端的共模电压，V_{mp} 为接收机在电压测量端口直接测得的结果。电压分压系数的准确度应为±1dB。

（2）电信端口的测量

测量时间参照本节 5.3。

为了对 LAN 处于高效使用时的发射进行可靠的测量，只需使 LAN 处于正常流量的 10% 以上并至少保持 250ms 即可。试验的流量内容应包含周期性的信息和伪随机信息，以模拟实际的数据传输类型（例如，随机型：压缩或加密文件；周期型：非压缩型图形文件，内存转储、屏幕刷新和磁盘映像）。如果 LAN 在空闲状态期间还保持传输，则测量还应在空闲状态下进行。

对于不同类型的端口连接，例如非屏蔽或者屏蔽的对线或同轴电缆，应使用不同的测试方法，具体见标准 GB/T 9254—2008/CISPR 22：2006 附录 C，这里以使用非屏蔽平衡对线时的电压测量为例。测量时间的把握同电源端传导骚扰电压测试。

使用非屏蔽平衡对线时的电压测量：

应使用 ISN 进行骚扰电压的测量。该 ISN 能提供一个合适于连接测量接收机的电压测量端口，并能满足电信端共模终端的阻抗的要求。

在非屏蔽单一平衡对线上进行骚扰电压测量时，应使用一个合适的供两线用的 ISN；当对含有 2 组平衡对线的非屏蔽电缆进行测量时，应使用一个合适的供 4 线使用的 ISN；当对含有 4 组平衡对线的非屏蔽电缆进行测量时，应使用一个合适的供 8 线使用的 ISN。

二、断续骚扰（喀呖声）

本节以标准 GB 4343.1—2018、CISPR 14.1—2013、GB/T 6113.101—2016、GB/T 6113.201—2018 为依据，介绍频率范围为 148.5kHz～30MHz 的断续骚扰（喀呖声）的试验原理、试验方法等内容。

1. 断续骚扰（喀呖声）

这里介绍断续骚扰（喀呖声）和喀呖声率 N 的概念。

喀呖声，又名断续骚扰电压的一种骚扰，幅度超过连续骚扰准峰值限值，持续时间不大于 200ms，而且后一个骚扰离前一个骚扰至少间隔 200ms。由于其断续骚扰特性，辐射脉冲能让收音机产生"喀呖、喀呖"

的声音而得名。

（注：在一定条件下，某些类型的断续骚扰不包括在以上喀呖声定义里。）

喀呖声率 N：一般指 1min 内的喀呖声数或开关操作数，此数字用以确定喀呖声限值。

2. 断续骚扰（喀呖声）测试原理

根据定义，要测量喀呖声，首先要甄别幅度超过连续骚扰准峰值限值、持续时间不大于 200ms，而且后一个骚扰离前一个骚扰至少间隔 200ms 的一串脉冲骚扰。同时，因为喀呖声率 N 用以确定喀呖声限值，所以要测量 1min 内的喀呖声数或开关操作数。

一个喀呖声可能包含许多脉冲。

单个脉冲骚扰幅度是测量接收机或专门的断续骚扰分析仪的准峰值读数。

单个脉冲骚扰的持续时间和相邻骚扰脉冲之间的间隔时间，在频域无法准确测量，只能通过存储示波器手动测量，或者利用测量接收机或专门的断续骚扰分析仪自动地在中频输出端进行测量。

测量喀呖声，我们只关注幅度超过连续骚扰准峰值限值的骚扰脉冲。所以，我们以产生的准峰值等于连续骚扰限值的未调制正弦信号在测量接收机的中频输出端产生的相应值作为中频参考电平；手动测量时，该电平作为存储示波器的触发电平。这样，设置存储示波器的触发电平和测量接收机或专门的断续骚扰分析仪的中频参考电平（可以直接设为输入衰减）后，观测到的每个脉冲骚扰持续时间、相邻骚扰间隔时间，以及 1min 内的喀呖声数或开关操作数，就可以判断出是否为喀呖声，以及计算出喀呖声率 N。

为了达到测试客观公正、结果可重现，测试设备、测试条件相关要求由标准进行规范。

3. 试验场地条件

参照第一节相应内容。

4. 试验布置

类似第一节传导连续骚扰的试验布置，需要注意以下几点：

（1）如果使用的断续骚扰分析仪除了自身设备运行的电源端口以外，还有专门电源进出端口 POWER IN/POWER OUT，供电从 AMN 出来后连接在断续骚扰分析仪的这个 POWER IN，EUT 电源端连接断续骚扰分析仪的 POWER OUT。所以，针对这种情况，试验布置图应该为真实反映设备连接做相应变化。

（2）为了模拟使用者手的影响，对手持式设备在骚扰电压测量的过程中需要使用模拟手。模拟手由连接至 220pF ± 20% 的电容器串联 510Ω ± 10% 的电阻器组成的 RC 元件的一端（M 端）的金属箔组成（见图 3 - 37）；RC 元件的另一端接到测量系统的参考地。模拟手的 RC 元件可装在人工电源网络的内部。

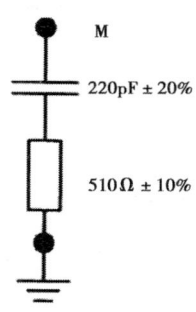

图 3-37　模拟手的 RC 元件连接图

（3）其他不详之处查阅标准 GB 4343.1—2018 条款 5.2 相关内容。比如，装有半导体装置的调节控制器测量详见标准 5.2.4。

5．断续骚扰（喀呖声）测量

喀呖声通常由开关操作产生，是最大的频谱特性在 2MHz 以下的宽带骚扰。因此，只在规定数量的频率点上进行测量是足够的。由于某单个喀呖声的幅度和持续时间不是恒定的，按测试结果所需的重复性要求，应用上四分位法。

由于目前符合标准要求的喀呖声分析仪不可能监控所有例外情况的适月

性，所以，如果观察到不符合喀呖声定义的断续骚扰的情况存在，应另外使用一个存储示波器。无论如何，断续骚扰分析仪功能使检测变得轻松易行。

(1) 幅度

断续骚扰的幅度是符合标准 GB 4343.1—2018 附录 D、D.2 中规定的测量接收机或断续骚扰分析仪的准峰值读数。

对断续骚扰中相距很近的脉冲情况，在整个时间间隔内，准峰值检波器输出端的指示值可以超过连续骚扰的限值，此时间间隔内应考虑所有记录到的超过中频参考电平的骚扰。

(2) 持续时间和分布

骚扰的持续时间和分布通过存储示波器手动地或利用断续骚扰分析仪自动地在中频输出端进行测量。

(3) 喀呖声率

喀呖声率是每分钟喀呖声的平均数。根据 EUT 的类型，有两种确定喀呖声率的方法：

——通过测量喀呖声数，或

——通过计算开关操作数。

两种方法都应观察最小观察时间。

1) 在两个测量频率点 150 kHz、500 kHz 按下述方法确定最少观测时间 T：

对不是自动停止的器具，T 为下列较短时间：

①记录 40 个喀呖声或相关的 40 次开关操作数的时间，或者

②120 min。

对于自动停止的器具，T 是产生 40 个喀呖声或相关 40 次开关操作数所需的最少数量的完整程序的持续时间。当试验开始后 120 min，还没产生 40 个喀呖声，则当运行中的程序结束后停止测试。

一个程序结束到下一程序开始的间隔应从最小观测时间中扣除，防止立即起动的器具除外。对这些器具，再启动程序所需的最短时间应包括在最小观测时间之内。

2）受试器具运行条件

受试器具喀呖声率 N 的确定，应在标准 GB 4343.1—2018 条款 7.2 和 7.3 规定的运行条件下，或当没有规定时，在典型使用中最不利的条件下（最大喀呖声率）确定，148.5～500kHz 频段在 150kHz 上测量，500kHz～30MHz 频段在 500kHz 上测量。

接收机衰减器的设定应使幅度等于连续骚扰相应限值 L 的输入信号能在仪表上产生中央刻度的偏移。（注：见 CISPR 16-1-1：2003 第 10 章。）

对于瞬时开关，只需在 500kHz 频点上确定脉冲的持续时间。

3）喀呖声率 N 的确定

一般 N 是由公式 $N = n_1/T$，这里 n_1 是在最小观察时间 T 分钟内测量的喀呖声数。如果喀呖声率 $N \geqslant 30$，则连续骚扰限值适用，EUT 不符合标准要求，无须再测试。

对某种器具，喀呖声率应通过计算开关操作数来确定。如果通过计算开关操作数得到的喀呖声率大于或等于 30，应该进一步通过测量喀呖声数确定喀呖声率是否大于或等于 30，即通过测量事实上多少可计的开关操作数引起幅度超过连续骚扰限值。

4）例外情况的应用

详见 GB 4343.1—2018 第 4.2.3 部分内容。

5）喀呖声限值 Lq 确定与检测

确定喀呖声率 N 和/或考虑例外情况后，需要计算喀呖声限值 Lq 并且继续检测流程的，断续骚扰的喀呖声限值 Lq 按 $Lq = L + \Delta L$ 公式确定；由于关操作产生的喀呖声骚扰测量在下列限定的频率点上进行：150kHz，500kHz，1.4MHz，30MHz。

6）有关断续骚扰的测量导则参见 GB 4343.1—2018 附录 D。

受试器具运行条件按照 GB 4343.1—2018 第 7 条款执行。

三、骚扰功率

本节以标准 GB/T 6113.202—2018/ CISPR 16-2-2—2010 为依据，介

绍电气和电子设备的电源线及其他连线向外辐射的骚扰功率（频率范围 30～300MHz）的试验原理、试验方法等内容。

1. **骚扰功率简介**

通常，当频率超过 30MHz 时，设备所产生的骚扰能量主要是通过辐射向外发射。理论推导和经验表明，当设备尺寸较小（相对于辐射骚扰的波长而言）且存在外接连线时，大部分能量是由靠近设备的电源线及其他连线向外辐射的。

所以，骚扰功率测试就是以被测设备电源线和其他连线上的骚扰功率来定义其骚扰电平，使用吸收钳在被测设备的对外连接线上提取辐射能量，测量结果以 dBpW 表示的一种辐射骚扰测试方法。

2. **骚扰功率测试原理**

骚扰功率测试，就是居于：在频率范围 30～300MHz，小型电子设备的辐射骚扰发射主要由设备的电源线及其他连线上的射频骚扰共模电流流动而向外辐射引起的。

为了比较准确地检测设备每根或者每种连接电缆向外辐射的骚扰能量，使用具有一定的耦合因子和阻抗使得测量值可以通过转换因子换算成骚扰功率的合适吸收钳，将其套在这些连线上来进行骚扰功率测试。使用吸收钳测量骚扰功率的原理是对于小型 EUT，其引线上由共模电流引起的辐射发射，远远大于 EUT 表面向外的辐射。可以把 EUT 的电源线看作是一个辐射天线，此时其骚扰功率近似等于吸引钳处于共模电流为最大值的位置时测量的 EUT 提供给受试线（LUT）的功率。为了找到"共模电流最大值"，需要吸收钳能移动，因此在测试系统中需要有一个长度为 6 米的吸收钳滑轨。测试方法原理见图 3-38，更多信息可查阅 CB/T 6113.202—2018/CISPR 16-2-2：2010。

为了达到测试结果客观公正、可比较可重现，应通过相关标准对测试设备、测试布置，试验方法进行规范。

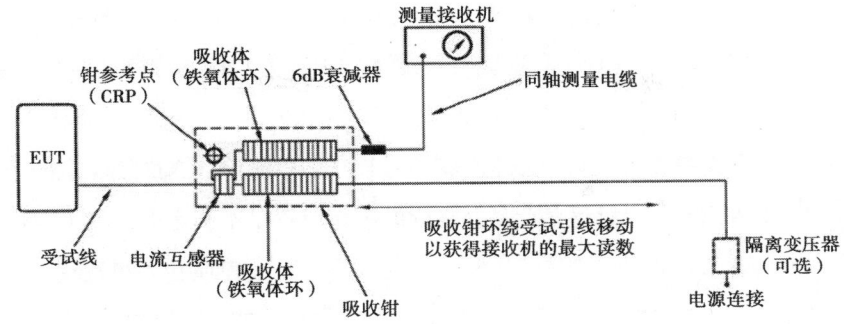

注1：6dB衰减器和测量电缆作为吸收钳的组成部分，需一起校准。
注2：6dB衰减器可能位于吸收钳单元内部。

图 3-38 骚扰功率测试方法原理图

3. 试验场地条件

（1）试验场地

环境噪声电平应至少低于相应限值6dB。

（2）试验台

绝缘试验台相对台式EUT应足够大，高度为0.8m。

（3）气候条件

优先按照产品或产品类标准规定；

如果产品或产品类标准没有规定，实验室气候条件应同时符合EUT和测试设备制造商规定运行条件的要求，受试设备应在预期的气候条件下工作。

没有规定时，建议试验在以下常温条件下进行：

环境温度：15~35℃；相对湿度：25%~75%。

4. 试验布置

吸收钳测量布置（受试设备EUT、受试线LUT、吸收钳）与任何物体（包括人、墙和天花板，但地面除外）间的距离至少0.8m±0.05m。

滑轨参考点SRP，是靠近EUT的吸收钳滑轨的端点，该端点在测量程序中用于确定EUT到吸收钳参考点CRP之间的水平距离。

（1）EUT布置

以台式设备为例，试验布置见图3-39。EUT尽可能地按照通常的工作位置放置在 EUT 试验台上。EUT 应正对着吸收钳滑轨的 SRP 布置。如无常规运行位置规定，EUT 应放置在受试线 LUT 正对吸收钳滑轨的位置。EUT 单元到 SRP 的距离应尽可能短。

注：对于某些产品，如洗衣机或咖啡机，常规的工作位置是确定的。但是，对于如吹风机、电钻这些产品，常规的工作位置是不确定的，EUT 只需平放在台上。本条款的目的是提高试验的复现性，以确保 EUT 位置可复现。

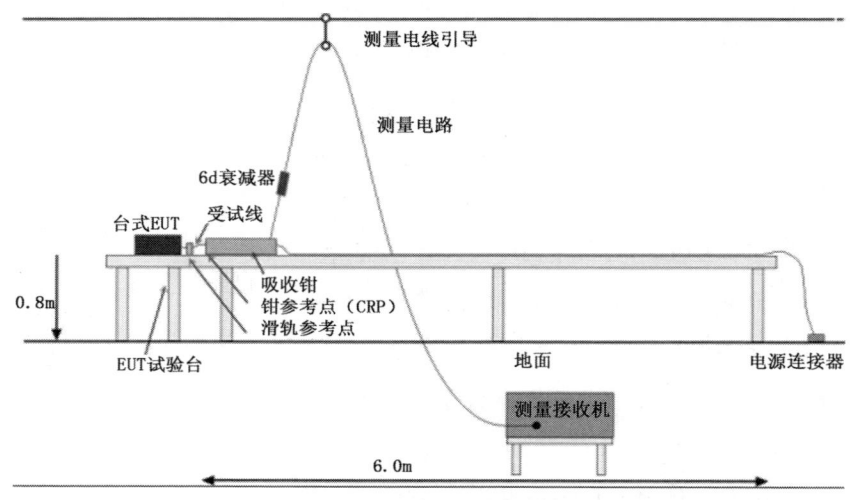

图 3-39　台式 EUT 的吸收钳测量布置侧视图

（2）LUT 的布置

骚扰功率应对每一根引线进行测量且每次仅测量一根引线，引线的要求如下：

LUT 的长度至少应为最低测量频率对应波长的一半加上引线连接到地面电源的附加长度。这就意味着引线的长度至少为 7.5m。

注 1：引线的长度由吸收钳滑轨最小长度 6m+1m（将 LUT 垂落至地面）+0.5m（余量）= 7.5m 来确定。LUT 附加部分的长度可依据 EUT 与钳参考点的间距确定。

注 2：通常，与 EUT 连接的原配引线短于 7.5m，引线需被延长或相同类型和结构的符合要求长度的引线替代。通常延长引线是不实际的，因为延伸的连接插头不能通过吸收钳。

注3：不同国家的低压配电类型不同，实验室可能采用不同网络布局和连接原则。对于某些 EUT，骚扰特性可能很大程度上取决于电源连接的类型。电源连接可能是不对称的（相-地）或对称的（使用一个隔离变压器），这可能是产生测量复现性差的原因。需注意的是，"电源连接"导致的重复性问题是普遍的，不仅对于 ACMM（吸收功率钳测量法）。可以通过隔离变压器供电的方式来评估测量重复性的问题。

将 LUT 拉直并水平放置在吸收钳滑轨上方，以便吸收钳沿引线滑动变化位置寻找最大读数。吸收钳外的 LUT 距地面的高度应尽可能接近 0.8m。

为了使吸收钳在滑动的过程中保持与 LUT 的较好接触，通过在吸收钳滑轨的近端和远端使用快速解锁装置可以方便 LTU 的固定。

（3）吸收钳的位置

1）吸收钳环绕 LUT 放置，见图 3-38。吸收钳应放置在滑轨上，电流互感器端靠近 EUT。

2）在吸收钳移动过程中，CRP 与 SRP 间的最小水平距离为（10±1）cm。由于不同类型的吸收钳的 CRP 位置可能不同，需要调整 10cm 的距离。测量结果在很大程度上取决于初始位置。出于复现性的目的，有必要增加额外的说明，以确保初始位置是相同的。

3）LUT 应保持在吸收钳电流互感器的中心位置，例如在 CRP 处。为此，大多数吸收钳都有中心支撑。

（4）吸收钳测量电缆

1）若 6dB 衰减器不是吸收钳组件的一部分，应将独立的 6dB 衰减器靠近吸收钳的测量连接器端连接。注意，这个 6dB 衰减器是 VSWR 最大值为 1.12∶1 的同轴衰减器，最大衰减容差为±0.3dB（见 GB/T 6113.103—2008 第 4 章）。

2）测量电缆连接到测量接收机或频谱分析仪。

3）测量电缆通过滑轮引导，使测量电缆到吸收钳的角度接近直角且不接触地面。

5. 骚扰功率试验程序

1）检查电磁环境和气候环境符合要求后，按照对应的标准规定布置 EUT。

2）确定 EUT 的运行负载和运行电压：一般电源应为额定电压，如果骚扰电平随电源电压显著变化，则应在 0.9～1.1 倍的额定电压范围内，在产生最大骚扰的电压下进行测量。

3）确定 EUT 的运行状态：在产生最大骚扰的运行状态下测量，如果不能确定哪个状态下骚扰最大，则应在每个状态下都测量。

4）吸收钳的电流互感器端靠近 EUT，将吸收钳夹住被测电缆，置于最靠近被测设备处，在整个频段用峰值检波器和平均值检波器进行预扫描。

5）再在整个频段用峰值检波器和平均值检波器进行终测。

6）测试结束后，保存数据。文明操作，收拾整理好测试场地。

四、辐射骚扰

本节以标准 CB/T 6113.203—2016/CISPR 16-2-3：2010、GB/T 9254—2008/ CISPR 22：2006 为依据，介绍频率范围 30～1000MHz 及 1GHz 以上辐射骚扰的试验原理、试验方法等内容。

1. 辐射骚扰

辐射骚扰（radiation disturbance）主要是指能量以电磁波形式由源发射到空间或能量以电磁波形式在空间传播的现象。

辐射骚扰是电磁兼容的重要内容，也是测试最不容易通过且最难整改的项目。辐射骚扰超标的产品可能引起周围装置、设备或系统性能降低，工作不正常或者对有生命或无生命物质产生损害。

对普通电子电器、工业科学医疗产品和通信产品而言，撇开有意发射及其衍生的杂散辐射，它们产生的空间骚扰辐射频率范围大多数主要集中在 30～1000MHz。随着技术的进步，电子产品内部越来越大量地使用高频器件，内部使用的工作基准频率、信号频率和/或调谐振荡频率不断提高，相关标准要求的辐射骚扰测试上限频率也应相应提高。

2. 辐射骚扰测试原理

针对射频电磁场辐射通过空间以电磁波形式传播的特性，为了比较准确地检测设备空间辐射的大小，使用专用的测试接收天线、接收机对 EUT 进行空间辐射骚扰测试，在规定的测试距离（保证在远场条件下进行测量）、水平极化和垂直极化情况下，天线在 1～4m 高度范围内上下寻找试验条件下 EUT 的最大发射与限值比较，以考核 EUT 对外辐射大小。检测原理见图 3-40、图 3-41。

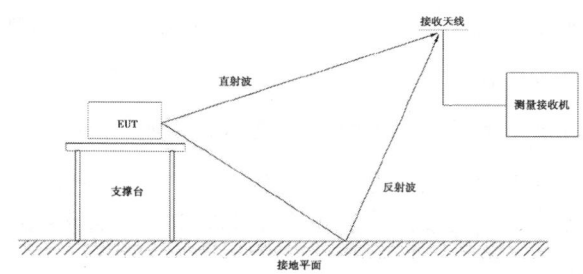

图 3-40　30～1000MHz 辐射骚扰测试原理图

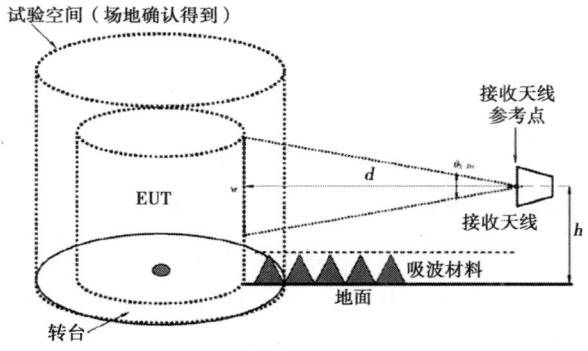

注：地平面上的吸波材料仅是为了说明给出。具体可以参考 CISPR 16-1-4：2010，其给出了场地确认要求中吸波材料放置的详细指南。

图 3-41　1GHz 以上辐射骚扰测试图

为了达到测试结果客观公正、可重现，应通过相关标准统一规范试验场地、测试设备、辅助设备要求及试验条件和方法。比如利用符合要求的半电波暗室 SAC 作为 30~1000MHz 测试场地，在隔绝外部电磁波影响的同时避免试验信号产生来回反射影响测试结果。但 1GHz 以上的辐射骚扰试验场地地面需要敷设吸波材料，主要是考虑驻波比要低于 6dB。

3. 试验场地与试验台

（1）试验场地要求

环境噪声电平应至少低于相应限值 6dB。或者在超过限值的每一个频率点上同时满足：

环境噪声电平应至少低于 EUT 骚扰合成环境噪声电平 6dB；

环境噪声电平应至少低于相应限值 4.8dB。

30~1000MHz 辐射测试采用符合要求的开阔试验场 OATS 或者具有反射金属地面的半电波暗室。在 30~1000MHz 频率范围内，通过对水平极化场和垂直极化场进行的场地衰减测量，来验证场地的有效性。

发射天线和接收天线之间的距离应与 EUT 进行辐射骚扰试验时的规定距离相同，场地验证中在该测试距离测得的水平极化和垂直极化下的场地归一化衰减与理想场地衰减值之差应该不大于 ±4dB。

1GHz 以上测量场地的地面应该敷设吸波材料，场地电压驻波比不应该大于 6dB。

（2）试验台

考虑电波暗室内静区和转台大小的适用情况下，相对于台式 EUT，绝缘试验台应足够大，桌面实际尺寸取决于 EUT 的水平尺寸。

一般情况下，如果可以，可以选择如下尺寸的绝缘试验桌：

台面大小 1.0m × 0.7m 或者 1.5m × 1.0m，高度为 0.8m。

（3）气候条件

优先按照产品或产品类标准规定；

如果产品或产品类标准没有规定，实验室气候条件应同时符合 EUT 和测试设备制造商规定运行条件的要求，受试设备应在预期的气候条件下工作。

没有规定时，建议试验在以下常温条件下进行：

环境温度：15～35℃；相对湿度：25%～75%；大气压力：86~106kPa。

4. 试验布置

（1）一般要求

除非另有规定，EUT 的配置、安装、布置和运行应与典型应用情况相一致。应将接口电缆、负载或装置与 EUT 中的每一种类型的接口端口中的至少一个端口相连。如果可能，应按设备实际应用中的典型情况端接每一根电缆。

如果存在同一类型的多个接口，依据预测试的结果，可能有必要对 EUT 添加互连电缆、负载或装置。只要 EUT 仍然满足要求，则增加相同类型的线缆的数量应受到以下条件限制：再增加线缆不明显影响发射电平的大小，即变化小于 2dB。有关端口的配置和负载的选择理由应在试验报告中注明。

互连电缆应符合具体设备要求中所规定的型号和长度。如果所规定的长度是可变的，则应选用会产生最大发射的长度。

如果在测试期间使用了屏蔽的或特殊的电缆以满足限值的要求，则应在使用说明书中注明使用这种电缆的建议。

电缆超长部分应在电缆的中心附近折叠后捆扎起来，折叠长度为 0.3～0.4m。如果由于电缆体积过大或不易弯曲，或由于在用户安装场所进行测试而无法这样做，则应在测试报告中准确地注明对电缆超长部分所作的处理。

如果设备有多个同类型的接口端口，若能证明添加电缆不会明显地影响测试结果，那么仅将一根电缆接到该类端口中的某一端口上即可。

任何一组测试结果都必须附有关于电缆和设备方位的完整说明，以便使测试结果具有重现性。如果为了满足限值要求需要有特定的使用条件的，例如电缆长度、电缆类型、屏蔽和接地，则这些条件必须在提供给用户的使用说明书注明。

由数个独立单元组成的系统应按最小的、有代表性配置来组合。组合中所包含单元的数量和组合通常应能代表典型系统所使用的那种配置。选择单元的理由应在试验报告中注明。

(2) EUT 布置

EUT 相对于接地平板的情形应与实际应用的情况相符合：落地式设备应放在参考接地平板上，并与接地平板绝缘；台式设备应放在非导电的桌子上。

被设计为在墙壁上使用的设备（壁挂式）应按台式设备的配置来进行试验。设备的朝向应与正常使用情况相一致。

上述落地式和台式组合在一起的设备也应采用与正常使用情况相一致的布置。被设计成台式和落地式两用的设备，应按台式设备进行试验。如果其典型的安装形式为地面放置，则应采用落地式布置。

对于一端与 EUT 连接但另一端没有与其他单元、ISN 或辅助设备连接的信号电缆应予以端接，必要时，用适当的终端阻抗端接。

与试验区域以外的辅助设备相连的电信电缆或其他的连接线应垂落到地，然后再沿它们离开试验场地的位置来走线。

辅助设备应按正常的安装方法进行布置。如果这意味着辅助设备也需要安装在现场，则应按照适用于 EUT 的同样条件（例如，到接地平板的距离，如果是落地式设备，则是绝缘垫的厚度、电缆的布置等）对其进行布置。

以台式设备为例，布置图见图 3-42、图 3-43、图 3-44。EUT 应放置在试验场地中高出水平参考接地平板 0.8m 的非金属桌面上。

受试系统（包括 EUT 以及与 EUT 相连的外设、辅助设备或装置）所有单元之间的间隔距离为 0.1m。如果单元是上下重叠放置的，则应将它们重叠放置（例如将显示器直接放在台式计算机上），其背面与布置的后面齐平。

理想情况下，所有单元的背面都应与试验桌的后边沿齐平，除非无法实现或那不是典型的应用情况。对于前一种情况这可能需要扩大试验桌。如果试验桌不能扩大，则可将在试验桌后沿排列不开的单元放置在桌面左右两侧。如果有更多的单元，则应使它们在保持 0.1m 间距的前提下尽可能地靠近，除非常应用时它们靠得更近。

单元间的电缆应从试验桌的后边沿垂落。如果下垂的电缆与水平接地平板的距离小于 0.4m，则应将电缆的超长部分在其中心来回折叠按"8"字形，并捆扎成不超过 0.4m 的线束，以使其在水平参考接地平板上方至少

0.4m。

键盘、鼠标、话筒等装置的电缆应按正常使用情况来布置。

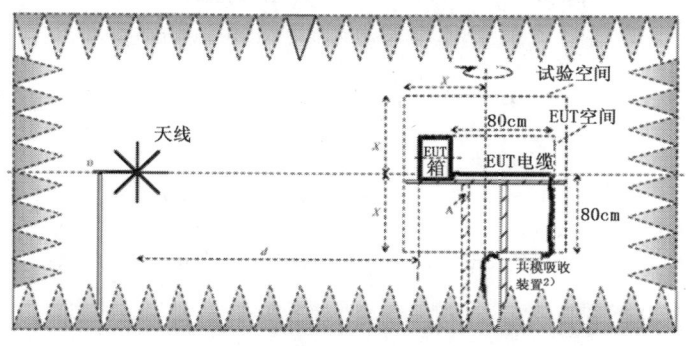

说明：

A——转台和 EUT 支撑物； 2×——1.5m，2.5m，5m；

d——3m，5m 或 10m（分别对应的试验距离为 3m，5m 或 10m）。

1. 天线电缆的布置应与场地校验中的布置相同。
2. 共模吸收装置根据相关的产品标准要求使用，使用情况（如果需要）应在试验报告中给出。

图 3-42　电波暗室内台式设备典型布置图

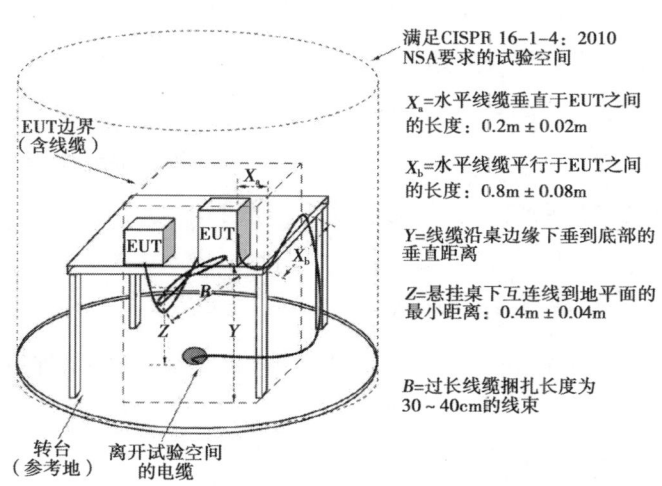

图 3-43　台式设备布置图

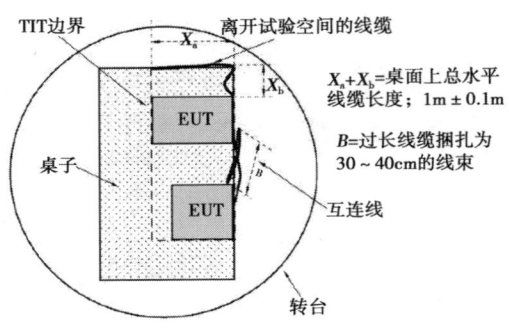

图 3-44　台式设备布置图（俯视图）

5. 辐射骚扰试验

（1）一般要求

EUT 的工作条件由制造商根据 EUT 的典型应用以及预期产生最大的发射电平来确定。试验报告中应描述选定的工作状态及其理由。EUT 应按设计要求在额定（标称）工作电压范围内和典型的负载条件（机械性能或电性能）下运行。只要可能，应使用实际负载；如果使用模拟负载，该模拟负载应能在射频特性和功能方面代表实际的负载。

运行设备的试验程序或其他方法应确保系统的各个组成部分均处于运行状态，以便能够检测到系统的所有骚扰。例如，计算机系统中的磁带或磁盘驱动器应进入"读–写–擦"序列；存储器的各个部分均应被访问，机械部分均应动作，视频显示单元应处于一般要求的工作状态。一些典型 ITE 的工作状态如下：

1）视频显示单元的工作状态

如果 EUT 含有视频显示单元或监视器，则推荐按以下原则设置工作状态：

——将对比度控制调到最大；

——将亮度控制调到最大或光栅消隐处（如果光栅消隐在尚未达到最大亮度时就发生）；

——如果视频的正显、反显都可选，则选取最恶劣的；

——设置字符的尺寸和每行的字符数，使其在典型应用下每屏能显示最多的字符；

——对于具有图形显示能力的监视器，推荐显示满屏字符"H"的滚动图案；对于只具有文本显示能力的监视器，应显示随机字符组成的图案。如果上述两种情况均不适用，那么应选择一种典型的显示状态。

在满足上述原则的同时，还推荐 EUT 工作在使其产生最大发射的工作状态下。

2）传真机的工作状态

推荐在空闲、发送和接收的状态下对传真机进行测试。使用符合 ITU-T 规定的传真机测试图案，EUT 处于最清晰的图像方式。

注：可能需要多次重复使用测试图案，以得到传真机的完整骚扰信号。

3）电话机的工作状态

对利用数字信号发送声音信息的电话机，推荐在空闲、发送和接收的状态下进行测试。使用 ITU-T 电话测量规范中规定的标准语音数据接收条件。

4）多功能设备的工作状态

对于同时适用于本标准和/或其他标准不同条款的多功能设备，应按照其每一个功能单独进行试验，条件是无须对设备内部进行改变即可实现其功能运行。只要受试设备的每一个功能都符合相应的条款/标准的要求，就应认为该设备符合所有的条款/标准要求。例如，对于带有广播接收功能的个人计算机，如果在正常工作状态下可以单独设置计算机的每一个功能，那么，首先应按照本标准在其接收功能不工作的状况下进行试验，再依据 GB 13837—2003 在只有广播接收功能工作的状态下进行试验。

对于各功能不能独立运行的设备，或对于一个特殊功能独立运行后将导致设备不能满足其主要功能的设备，或对于几项功能同时运行时能节约测试时间的设备，如果该设备在运行必要的功能时还能满足有关的条款/标准的规定，则认为它符合要求。

在某一标准内，是否允许对多功能设备特定端口或特定频率不做要求的前提是,该多媒体设备内的相关功能将按不同的标准进行测试。

(2)测量方法

辐射骚扰测量详细的测试方法可详见 GB/T 6113.203—2016 的第 7.3 条和第 7.6 条。

1)测量距离

EUT 应在确定辐射骚扰限值的规定距离上进行测试,除非因为设备的尺寸等原因不能这样做。测试距离是 EUT 最接近于天线的那一点和天线的校准参考点在地面上的投影之间的距离。如果天线的参考点在校准报告中没有定义,那么对于对数周期,天线的校准参考点是位于水平天线杆的中心,相应偶极子对应于天线频率范围的(以两端频率对数的均值等于中心频率的对数值计算)中心频率的半波长。

EUT 的边框用反映了 EUT 简单几何外形的假想直线划定。ITE 系统间的所有电缆及其所连接的 ITE 都应位于这一边框内。详见图 3-45。

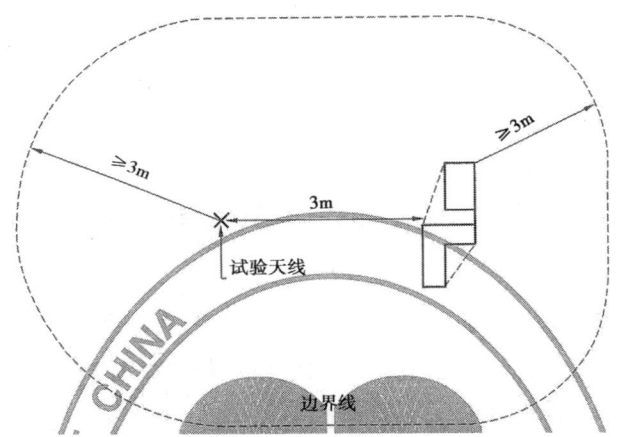

图 3-45 最小尺寸的可替换场地图

图形边界围绕的场地上方应无反射物。该空间的水平高度相对于水平接地平板应至少比天线与受试设备之最高点高 3m。

2)天线到接地平板的距离

在每一个测试频率,应在接地平板上方 1~4m 的范围内调整高度,以便获得最大的指示值。之所以需要调节天线的升降以及 EUT 对于测试天线的方位变化,除了要寻找并且测得发射最大值外,还有要满足测试天线的波瓣要覆盖整个 EUT 要求的原因。

3) 天线相对于 EUT 的方位

在测量过程中,应改变天线和 EUT 之间的方位角以寻找最大的场强读数。为此,可以采用旋转 EUT 的方法。如果这样做有困难,则可使 EUT 位置不变,让天线围绕 EUT 进行测量。

之所以需要调节天线的升降以及 EUT 对于测试天线的方位变化,除了要寻找并且测得发射最大值外,还有要满足测试天线的波瓣要覆盖整个 EUT 要求的原因。图 3-46 是两种类型 EUT 高度扫描测试图。

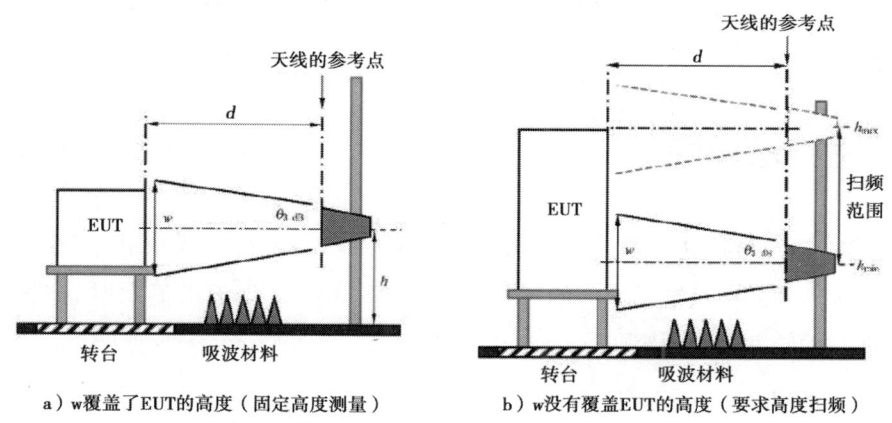

图 3-46 两种类型 EUT 高度扫描测试图

4) 天线相对于 EUT 的极化方向

在测量过程中,为了寻找最大的场强读数,应相对 EUT 依次将天线改变为水平或垂直极化方式。

5) 强环境信号存在时的测量

通常,环境信号不应超过限值。然而,由于本地广播业务、其他人为装置和自然界噪声所产生的环境噪声场的影响,有可能在测量地点的某些频率上无法测量来自 EUT 的辐射发射。

在规定距离,如果环境信号场强很高,则可用下列方法判定 EUT 是否合格:

①在近距离进行测量,并用下式确定限值 L2 与近距离 d2 的对应关系:

L2 = L1（d1/d2）

式中:

L1——距离 d1 处规定的限值,单位为 μV/m;

L2——距离 d2 处规定的限值,单位为 μV/m。

用距离 d2 处的限值 L2 按第 5.1 条的规定来确定可允许的环境条件和符合性试验条件。

②当在超过第 5.1 条环境电平（环境电平的测量值低于限值不足 6dB）的频带内进行测量时,EUT 的骚扰值可以根据相邻的骚扰值内插得到。内插值应在一条曲线上,该曲线描述了临近环境电平的骚扰值的连续函数关系。

五、谐波电流

本节以标准 GB 17625.1—2012/IEC 61000-3-2：2009 为依据,介绍无条件接入到公用供电系统中的每相输入电流≤16A 的谐波电流发射的试验原理、试验方法等内容。

1. 谐波电流

某一频率的正弦电压或电流作用于非线性负载时产生的其他频率的正弦电压或电流称为谐波电压或电流。

电磁兼容（EMC）领域研究的（电网）谐波电流,是指供电电网标称电源频率的倍数的正弦电流分量,如电网电源频率 f = 50 赫兹,2 次谐波 f = 100 赫兹,3 次谐波 f = 150 赫兹,4 次谐波 f = 200 赫兹,等等；研究的谐波电流频率范围一般为 2～40 次,假设 k 为 2 开始的整数,基波 k 倍频的正弦分量称为 k 次谐波。谐波实际上是一种骚扰,使电网受到"污染"。

2. 谐波电流检测原理

以单相设备谐波电流测量为例,电路见图 3-47。

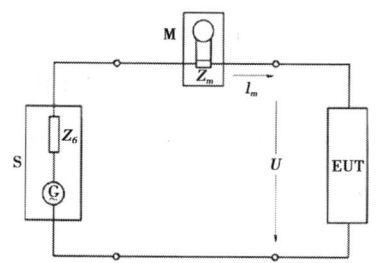

S—供电电源；EUT—受试设备；Z_M—测量设备的输入阻抗；I_n—线电流的 n 次谐波分量；
M—测量设备；U—试验电压；Z_S—供电电源的内阻抗；G—供电电源的开路电压。

注1：没有规定的 Z_S 和 Z_M 的值，但应足够小以满足 GB 17625.1—2012A.2 的要求，可以通过测量受试设备与测量设备连接点处的电压来验证。更多参考信息见 IEC 61000-4-7。

注2：在某些特殊情况下，需特别注意避免电源内电感与受试设备电容之间发生谐振。

注3：对于某些类型的设备，例如单相非稳压镇流器，谐波幅度随着供电电压急剧变化。为使该变化降到最低程度，推荐将受试设备与测量设备连接点处的电压维持在 220V±1.0V/380V±1.0V，采用与谐波评定相同的 200ms 观察窗进行评估。

图 3-47 单相设备谐波电流测量电路图

供电系统谐波的定义是对周期性非正弦电量进行傅里叶级数分解，除了得到与电网基波频率的分量，还得到其他一系列整数倍基波频率的分量，这部分电量称为谐波。

测试关键就是：

1）提供给 EUT 一个额定电压足够容量的干净 50Hz 或者 60Hz 正弦波电源，而且该试验电源内阻应该足够小；

2）测量设备是具有傅里叶变换功能足够精度的谐波分析仪，输入阻抗足够小。

标准 6B17625.1—2012/IEC 61000-3-2：2009 旨在对接入到公用低压配电系统的每相输入电流不大于 16A 的电气和电子设备谐波电流加以控制，其在附录 A（规范性附录）规定测量电路和标准试验电源要求（特别电源本身干净度-谐波含量限制要求），在附录 B（规范性附录）规范了测量设备的要求（应该符合 IEC 61000-4-7），在附录 C（规范性附录）规定了部分设备的型式试验条件；即要求使用规范一致的设备对接入配电系统的电气和电子设备（按照标准或者标准许可的说明书明示的工作状态下）进行检测，对照标准的设备分类、谐波限值等相关条款进行结果判定。

3. 试验场地条件

（1）试验场地

电磁环境可以保证 EUT 能够按照预期正常运行并且不会影响检测结果。

（2）试验台

绝缘试验台相对台式 EUT 应足够大，一般情况下，可以选择如下尺寸的绝缘试验桌：

台面大小 1.5m × 1.0m，高度为 0.8m 和 0.4m 可选。

（3）气候条件

标准 6B17625.1—2012/IEC 61000-3-2：2009 附录 C 规定照明设备的试验应在大气无对流、环境温度为 20～27℃ 的条件下进行测量，在测量期间温度变化应不大于 1K；附录 C 规定空调器试验时的环境温度，制冷模式时应为 30 ℃±2 ℃，制热模式时应为 15 ℃±2 ℃。

其他 EUT，实验室气候条件应符合 EUT 和测试设备各自制造商规定运行条件的要求，受试设备应在预期的气候条件下工作。

如果产品没有规定，建议在以下常温条件下进行试验：

环境温度：15～35℃；相对湿度：25%～75%；大气压力：86～106kPa。

4. 试验配置

对于附录 C 中未列出的设备，发射试验应在用户操作控制下或自动程序设定在正常工作状态下，预计产生最大 THC 的模式进行。这是规定了发射试验时设备的配置，而不是要求测量 THC 值或寻找最恶劣状态下的发射。根据制造商提供的信息对受试设备进行试验。为了保证结果符合正常使用时的状况，在试验开始前，可能需要由制造商启动电动机预运行。

在标准 GB 17625.1—2012 附录 C 中规定了某些类型设备专门的试验条件，这里不再赘述。

台式设备、落地式设备和其他设备，按照受试设备说明书提示的实际使用情形连接和配置即可。

5. 谐波电流测量

（1）测量步骤

应按照（2）一般要求进行试验。表 3-8 给出试验周期。

应按下列要求测量谐波电流：

对于每次谐波，按照附录 B 的规定在每个 DFT（离散傅氏变换）时间窗口内测量 1.5s 平滑有效值谐波电流；

在表 3-8 中规定的整个观察周期内，计算由 DFT 时间窗口得到的测量值的算术平均值。

应由下列要求确定用于计算限值的输入功率值：

在每个 DFT 时间窗口内测量 1.5s 平滑有功输入功率；

在整个试验周期内，由 DFT 时间窗口确定功率的最大测量值。

注：在附录 B 中规定的供给测量仪器平滑部分的有功输入功率，是在每个 DFT 时间窗口内的有功输入功率。

谐波电流和有功输入功率应在相同的试验条件下测量，但不需同时测量。

为了避免在某功率值附近限值急剧变化，而对采用哪类限值产生疑惑，制造商可规定与实际测量得到的功率值偏差±10%范围内的任意值，用其来确定作为在原制造商合格评定试验中的限值。试验报告中应记录根据本节定义的功率测量值和规定值。

如果发射试验中按本节条款测得的（而非原制造商合格评定试验中测得的）功率值与制造商在试验报告中规定的功率值相比，不小于90%或不大于110%，则应使用规定值来确定限值。当测量值在规定值的允许范围之外时，则应使用测得的功率值确定限值。

对于 C 类设备，应使用制造商规定的基波电流和功率因数计算限值。与计算 D 类限值时测量和规定功率一样，基波电流分量和功率因数由制造商测量和规定。应从与基波电流分量值相同的 DFT 测量窗获得所用的功率因数值。

（2）一般要求

1）重复性

当满足下列情况时，在整个试验观察周期内，单个谐波电流的平均值的重复性应优于适用限值的 ±5%：

同一受试设备（EUT）（不是同型号中的另一台，尽管类似）；

一致的试验条件；

相同的试验系统；

一致的环境条件（如果有关）。

注：重复性的要求只是为了定义表 3-8 必要的观察周期，不是用于评估是否满足本部分要求的合格评定判据。

2）复现性

对相同的 EUT 采用不同试验系统进行测量，复现性不能明确计算，以便适用于所有可能的 EUT、谐波分析仪和试验电源的组合。但其估计值应优于±（1%+10 mA），此处 1% 是指在整个试验观察周期内总输入电流平均值的 1%，通常差别小于该电流值可以忽略不计，但是某些情况下也会出现较大值。

为避免该情形下出现疑惑，在不同地点或不同场合获得的试验结果都满足相应限值的要求，就应判为符合性，即使试验结果的差别超过上述重复性或复现性规定的值。

注：除有意的偏差外，相同型号的不同 EUT 测量结果的可变性，可能会由于实际元器件的允差和其他效应而增大，例如 EUT 特性和测量仪表或供电电源间可能存在的相互作用。出于与复现性同样的原因，本部分无法量化这些效应的结果。上述第二段所述也适用于可变性。

从监管上考虑，限值的可能变化是允许的，但是不在本部分的范围内。

3）开始和终止

当手动或自动地将一台设备投入或退出运行，开关动作后第一个 10s

内的谐波电流和功率不予考虑。

受试设备不应在待机模式下超过任何观察周期的 10%。

4）试验的观察周期

表 3-8 考虑和描述了四种不同设备运行类型的观察周期（T_{obs}）。

表 3-8　试验观察周期

设备运行类型	观察周期
准稳态	T_{obs} 具有足够的持续时间以满足对 5.2 对重复性的要求
短周期（$T_{cycle} \leq 2.5min$）	$T_{obs} \geq 10$ 周期（参考法）或 T_{obs} 具有足够的持续性时间或同步[a]，以满足对 5.2 对重复性的要求
随机	T_{obs} 具有足够的持续时间以满足 5.2 对重复性的要求
长周期（$T_{cycle} > 2.5min$）	完整设备程序周期（参考法）或制造商认为将产生最大的 THC 的典型 2.5min 操作周期

a "同步"表示总的观察周期非常接近设备运行周期的整数倍，以满足 5.2 中对重复性的要求。

六、电压变化、电压波动和闪烁

本节以标准 GB 17625.2—2007/IEC 61000-3-3：2005 为依据，介绍无条件连接到相电压为 220V 至 250V、公用低压供电系统、每相输入电流不大于 16A 的电压波动和闪烁的试验原理、试验方法等内容。

1. 电压变化、电压波动和闪烁

有效值电压波形 U（t）：以每个相连的电源电压过零点间的半周期上的有效值电压作为单一值评定的有效值电压对时间的函数。

电压变化△U（t）：在电压处于稳态至少 1s 的时间间隔内，以每个相连的电源电压过零点间的半周期上的有效值电压变化作为单一值评定的有效值电压变化对时间的函数。

电压波动（voltage fluctuation）：以每个相连的电源电压过零点间的半

周期上的有效值电压作为单一值评定的有效值电压的一系列变化。

闪烁（flicker）：亮度或光谱分布随时间变化的光刺激所引起的不稳定的视觉效果。

标准 GB 17625.2—2007/IEC 61000-3-3：2005 对于电压波动和闪烁的测试，主要测量 EUT 引起的电网电压的变化即电压波动和闪烁二类指标。电压波动指标反映了突然的较大的电压变化程度，而闪烁指标则反映了一段时间内连续的电压变化情况。为了介绍检测原理，这里结合图 3-48 U(t)、△U(t)、△Uc、△Umax 图示说说检测指标含义。

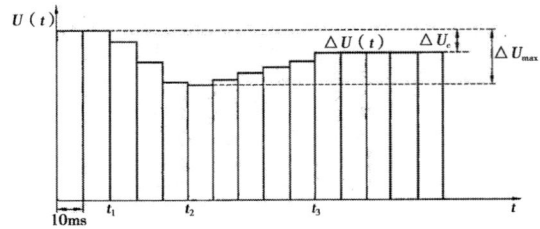

图 3-48　U(t)、△U(t)、△Uc、△Umax 图示

——相对稳态电压变化：d_c（%）

△Uc 与相线对中线的电压绝对值有关，与相线对中线的标称电压值（Un）之比称为相对稳态电压变化：d_c（%）。

△Uc 是被至少一个电压变化特性隔开的两个相邻稳态电压之间的电压差。

——最大相对电压变化：d_{max}（%）

△Umax 与相线对中线的电压绝对值有关，与相线对中线的标称电压值（Un）之比称为相对稳态电压变化：d_{max}（%）。

△Umax 是电压变化特性的最大有效值与最小有效值之差。

——短期闪烁指示值（short-term flicker），P_{st}，评定短时间（几分钟）闪烁的严酷程度；$P_{st}=1$ 表示敏感性常规阈值。

——长期闪烁指示值（long-term flicker indicator），P_{lt}，用连续的 P_{st} 值评定长时间（几个小时）内闪烁的严酷程度。

——闪烁计（flickermeter）：用来测量 P_{st}、P_{lt} 闪烁量值的仪器。

(闪烁计见 IEC 61000-4-15 Edition 1.1-2003 电磁兼容性．第4部分：试验和测量方法．第15节：闪烁计．功能和设计规范。)

2. 电压波动和闪烁检测原理

根据 EMC 标准 GB 17625.2—2007/IEC 61000-3-3：2005 中定义，关键是要跟踪分析由于 EUT 工作原因产生的电压变化特性，测试关键就是：

1）提供给 EUT 一个额定电压足够容量的干净 50Hz 或者 60Hz 正弦波电源，而且该试验电源内阻应该足够小；

2）测量设备是具有电压变化跟踪分析功能和闪烁计功能，输入阻抗足够小。

3）测量设备是具有电压变化跟踪分析功能，在跟踪测量并且记录 U（t）的同时，具有同时动态分析计算 △U（t）、△Uc、△Umax 的功能。

图 3-49 是三相四线制电源引出用于单相和三相电源的测试电路图。

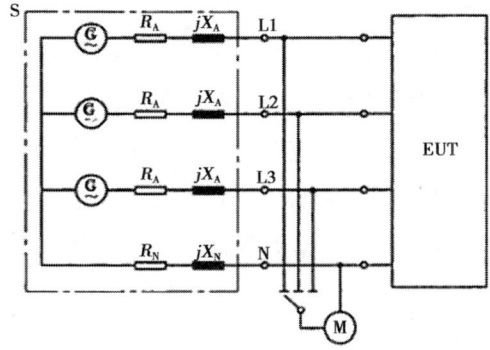

EUT—受试设备；M—测量设备；
S—由电源电压发生器 G 和参考阻抗 Z 组成的供电电源；Z 由下列元件组成：
$R_A = 2.4\Omega$；$jX_A = 0.15\Omega$ 50Hz；$R_N = 0.16\Omega$；$jX_N = 0.10\Omega$ 50Hz。
这些元件包括实际的发生器阻抗。当电源阻抗难以确定时，见标准 GB/T 17625.2—2007 6.2。
G—符合标准 GB/T 17625.2—2007 6.3 要求的电压源。
注：在一般情况下，三相负载平衡，因为中线中没有电流，R_N 和 X_N 可忽略不计。

图 3-49　三相四线制电源引出用于单相和三相电源的测试电路图

图 3-49 中，供电电源 S 的参考阻抗 Z（在 50Hz 时）的组成为：$R_A = 0.24\Omega$；$jX_A = 0.15\Omega$；$R_N = 0.16\Omega$；$jX_N = 0.10\Omega$。

与谐波一样，看似检测指标的定义和测试电路不复杂，但是如果实验室自己搭接测试电路、连接测试设备、想按照定义进行测量和计算，不仅工程量巨大、时间很长而且容易出错，所以，标准规定了专门的试验设备与试验程序。

3. 试验场地条件

（1）试验场地

没有特别要求，电磁环境只要保证 EUT 能够按照预期正常运行并且不会影响检测结果。

（2）试验台

绝缘试验台相对台式 EUT 应足够大，一般情况下，可以选择如下尺寸的绝缘试验桌：

台面大小 1.5m × 1.0m，高度为 0.8m 和 0.4m 可选。

（3）气候条件

标准 GB/T 17625.2—2007/IEC 61000-3-3：2005 附录 A 的 A.14 规定了空气调节器、除湿机、加热泵和商业制冷设备的试验条件：

试验环境温度应为加热时 15℃±5℃，制冷或干燥时 30℃±5℃。

其他 EUT，实验室气候条件应符合 EUT 和测试设备各自制造商规定运行条件的要求，受试设备应在预期的气候条件下工作。

如果没有规定，建议在以下常温条件下进行试验：

环境温度：15 ~ 35℃；相对湿度：25% ~ 75%；大气压力：86 ~ 106kPa。

4. 试验布置

台式设备、落地式设备和其他设备，按照受试设备说明书提示的实际使用情形连接和配置。

5. 电压波动和闪烁的测量

（1）总则

那些不可能产生严重电压波动或闪烁的设备不必进行试验。试验设备包括可能有必要通过电路图和设备说明书检查，以及短时的功能试验来确定是否可能产生严重的电压波动。

对于手动开关引起的电压变化，如果在过零点间每 10ms 半个周期中评估的最大有效值输入电流（包括涌入电流）不超过 20A，且在涌入电流后电源电流变化在 1.5A 内，则不必进一步测试，认为设备符合要求。

目前实验室基本都采用内置纯净交流电源、参考阻抗网络和闪烁计功能，而且是集谐波测试等标准化多功能的综合测试设备进行直接测量。如果被测的是平衡的多相设备，那么仅测量三个相线中的一个相线—中线的电压是可以接受的。

（2）观察时间

①对 P_{st}，$T_p = 10min$；

②对 P_{lt}，$T_p = 2h$。

观察时间应包括受试设备在整个运行周期里所产生最不利电压变化结果的那部分时间。

对 P_{st} 评定时，运行周期应连续地重复，除非附录 A 中另有规定。在受试设备运行周期小于观察时间且受试设备在运行周期结束时自动停止的情况下，重新启动时最少时间应计入观察时间内。

对 P_{st} 评定时，当受试设备的运行周期小于 2h 并且通常不连续使用的情况下，运行周期不应重复，除非附录 A 中另有说明。对于一次正常运行超过 30min 的设备，一般需对 P_{lt} 进行评定。使用时，N = 12（测试 12 个 P_{st}）。

注：例如，假设设备运行周期为 45min，那么在 50min 的时间内应连续测量 5 个 P_{st} 值，但在 2h 的观察时间里剩余的 7 个 P_{st} 值将被认为是 0。

（3）一般试验条件

某些设备的详细型式试验条件见附录 A。对附录 A 未提及的其他设备，应只使用制造商在说明书中阐明的或其他可能用到的控制方式和程序来选择产生最不利电压变化结果的控制方式和自动程序进行试验。设备应在制造商提供的条件下进行试验。试验前可能需要进行电机驱动的预运行，以确保结果与正常使用时一致。

注：运行条件包括机械和/或电气负载条件。

对电机，可使用堵转的方法来测量确定在电机启动期间出现的最大有效值电压变化 dmax。

当设备具有几个独立控制电路时，下述条件适用：①只要控制不是设计成同时切换并打算独立使用时，则每个电路都应作为设备的一个单独部分进行试验；②如果独立电路的控制设计成同时切换，则这组控制电路可作为设备的一个单独部分进行试验。对控制系统仅调节负载的某个部分时，应考虑该负载的每个可变部分单独产生的电压波动。

（4）一体化测试设备的检测操作

1) 确定 EUT 需要测试哪些指标及适用的电压波动与闪烁的限值；

2) 确定 EUT 的额定电压与运行模式（尽可能选择产生最不利的电压波动与闪烁的状态）；按照标准确定试验条件；

3) 连接建立试验配置，设置设备测试界面和供电电源，开启设备到 EUT 的电源输出；

4) 启动 EUT 电源开关，选择 EUT 工作模式；如果只进行 Pst 测量，则测量 10min 即可；如果要进行 P_{lt} 测量，则测量时间选择为 2h；

5) 在 EUT 正常运行（或稳定运行）后，开启测试设备的测试模式，进行电压波动和闪烁的测量。

七、静电放电抗扰度试验

本节以标准 GB/T 17626.2—2018/IEC 61000-4-2：2008 为主要依据，介绍静电放电抗扰度的试验原理、试验方法等内容。

1. 静电放电

（1）静电的定义

处于静止状态的电荷，一般指由于物体表面电子转移（电子不足）或者电子聚集（电子过剩）而让物体表面带正电或者带负电的一种现象。

（2）静电放电（ESD）

静电电场的能量达到一定程度后，击穿其间介质而进行放电的现象，称之为静电放电。

2. 静电放电试验原理

静电放电研究中，不同的放电情形赋予不同的模型，人体放电模型（HBM）是静电放电模型的一种。当我们手持镊子、起子、钥匙或类似金属物时，由于金属物体的尖端效应和电极效应，从而使人体的等效电阻大大减小，这种情况下产生静电放电比人体通过手指放电时的瞬间电流峰值更高、持续时间会更短、电流波形会更加陡峭，这种放电情形称为人体-金属ESD模型，其产生的放电电流峰值比人体放电模型（HBM）大6倍左右。

1）无论什么时候人员对附近物体发生静电放电时，接触或者相临近的设备都可能遭受电磁能量的侵害。

2）静电放电的主要影响可以认为是由放电电流的参数引起的（放电电流峰值、上升时间、持续时间等）；比较而言，人体-金属ESD模型产生的静电放电影响比人体放电模型严重。

3）厂矿环境中，静电放电情形大部分属于人体-金属ESD模型。

4）受试物体对于ESD的耐受与气候条件相关，以及导致放电的动作细节相关。

正是关注到以上情况，标准GB/T 17626.2—2018/IEC 61000-4-2：2008采用人体-金属ESD模型，规范试验设备要求，以使放电设备枪头产生模拟人体-金属ESD放电波形的电压，同时规定试验环境条件、试验方法和程序进行标准化试验，以衡量受试设备对于静电放电的敏感程度。

采用人体-金属ESD模型规定的静电放电试验设备，人体储能电容器标称值为150pF，放电电阻为一个330Ω的电阻，足以严格地模拟现场的各种人员的放电。静电放电发生器（见图3-50）特性的校验结果，对2千伏的ESD放电电压而言，其瞬间放电电流的尖峰值大约是7.5安培。

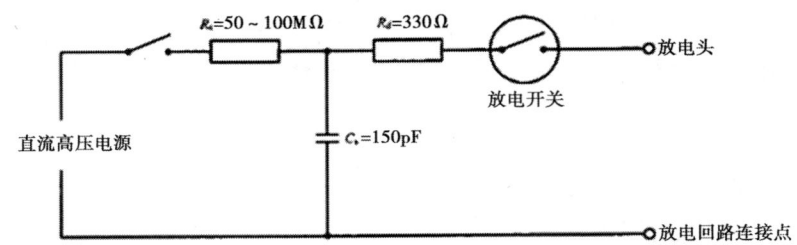

注：图中省略的 Cd 是存在于发生器与受试设备、接地参考平面以及耦合板之间的分布电容。由于此电容分布在整个发生器上，因此，在该回路中不可能标明。

图3-50　静电放电发生器简图

标准试验中，对于不接地设备或设备的不接地部件不能如Ⅰ类供电设备自行放电，若在下一个静电放电脉冲施加前电荷未消除，受试设备或受试设备的部件上的累积电荷可能使电压为预期试验电压的两倍。因此，双重绝缘设备的绝缘体电容经过几次静电放电累积，可能充电至异常高，然后以高能量在绝缘击穿处放电。

为模拟单次静电放电（空气放电或者接触放电），在施加每个静电放电脉冲之前应消除受试设备上的电荷。在施加每个静电放电脉冲之前，应消除施加静电放电脉冲的金属点或部位上的电荷，如连接器外壳、电池充电插脚、金属天线。

当对一个或几个可接触到的金属部分进行静电放电试验，由于不能保证给出产品上该点和其他点间的电阻，应消除施加静电放电点的电荷，使用类似于水平耦合板和垂直耦合板用的带有470kΩ泄放电阻的电缆。

因受试设备和水平耦合板（台式）之间以及受试设备和接地参考平面（落地式）之间的电容取决于受试设备的尺寸，试验时，如果功能允许，应安装带泄放电阻的电缆。放电电缆的一个电阻应尽可能靠近受试设备的试验点，最好小于20mm。第二个电阻应靠近电缆的末端，对于台式设备电缆连接于水平耦合板上，对于落地式设备电缆连接到接地参考平面上。

3. 试验场地条件

（1）试验场地

实验室的电磁环境应保证EUT的正确运行，不应影响试验结果，同时该环境应该与周边敏感设备或者敏感区域具有足够间隔或者隔离，确保静电放电试验本身不影响周边敏感设备或者敏感区域。

（2）试验台

1）试验桌

绝缘试验台相对台式 EUT 应足够大，一般情况下，可以选择如下尺寸的绝缘试验桌：台面大小 2.0m × 1.0m 或者 1.5m × 1.0m，高度为 0.8m。

2）垂直耦合板（VCP）与水平耦合板（HCP）

垂直耦合板（VCP）：尺寸为 0.5m×0.5m、最小厚度为 0.25mm 的金属板（铜或铝，其他厚度至少为 0.65mm 的金属材料也可以），经过每端串接一个 470kΩ 电阻的电缆与接地参考平面连接。

水平耦合板（HCP）：尺寸为（1.6±0.02）m×（0.8±0.02）m、最小为厚度为 0.25mm 的金属板（铜或铝，其他厚度至少为 0.65mm 的金属材料也可以），经过每端串接一个 470kΩ 电阻的电缆与接地参考平面连接，水平耦合板上面按照台式设备试验布置图示放置一个厚度（0.5±0.05）mm 的绝缘垫，用于将受试设备和电缆与耦合板隔离。

注：连接在水平耦合板和垂直耦合板接地线上的 470kΩ 泄放电阻是用来防止静电放电发生器对耦合板放电后，施加在耦合板上的电荷即刻消失。这增加了静电放电对受试设备的影响。在试验中，电阻器应能承受施加到受试设备的最大放电电压。它们宜放置在靠近接地线的两端，以此来形成一个分布电阻。

3）接地参考平面（GRP）：一块导电平面，其电位作为公共参考电位。实验室的地面应设置接地参考平面，它应是一种最小厚度为 0.25mm 的铜或铝的金属薄板，其他金属材料虽可使用，但至少应有 0.65mm 的厚度。接地参考平面每边至少应伸出受试设备或水平耦合板（适用时）之外 0.5m，并将它与保护接地系统相连。

（3）气候条件

在空气放电实验的情况下，气候条件应在下述条件范围内：

环境温度：15 ~ 35℃；相对湿度：30% ~ 60%；大气压力：

86~106kPa。

4. 试验布置

（1）试验布置

EUT 离实验室墙壁或者其他金属结构件之间的间距最少应为 0.8m。

台式设备、落地式设备、不接地设备试验布置都有一些要求，这里只是以不接地台式设备为例说明，图 3-51 为不接地台式设备试验布置实例图，适用于安装规范或设计不与任何接地系统连接的台式设备或部件，包括便携式、没有或者有电源线但不接地的设备，如电池供电或者双重绝缘设备（Ⅱ类设备）。

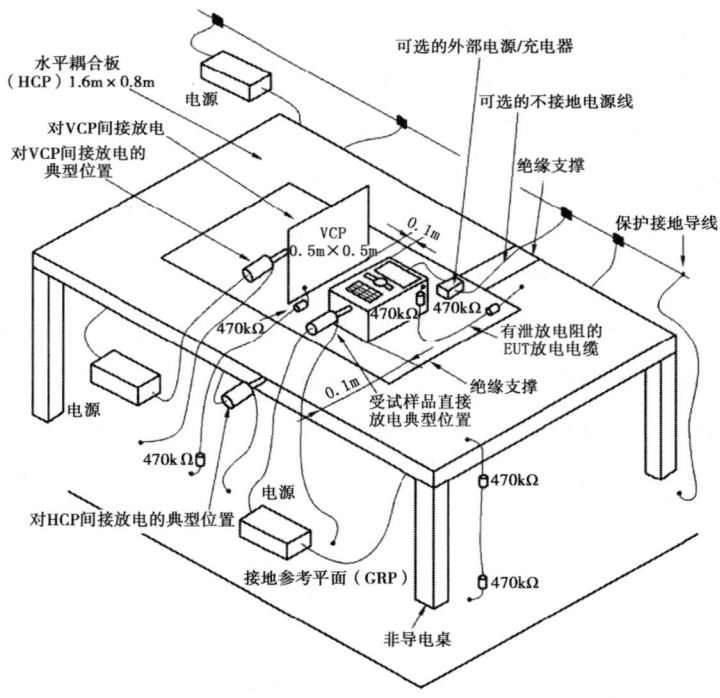

图 3-51　不接地台式设备试验布置实例图

（2）ESD 布置的验证

在试验前，建议先验证 ESD 试验布置。

验证包括：

——ESD 发生器；

——放电回路电缆；

——470KΩ 泄放电阻；

——接地参考平面；

——形成放电通路的所有连接。

要验证正确的 ESD 试验布置。一种验证方法是观察在低电压设置时，对耦合板空气放电时产生的小火花和在高电压设置下的大火花。在此验证之前，要验证接地带的连接和位置。因为来自 ESD 发生器的波形参数通常不会发生细微变化（例如：波形的上升时间和持续时间不会漂移），最可能的失效是 ESD 发生器电压未送至放电电极，或者是电压控制失效。放电路径中的电缆、电阻或者连接导线的损坏、松脱或缺失，都会导致无法放电。

5. 试验操作

（1）对受试设备的放电

试验应按照试验计划，采用对受试设备直接和间接的放电方式进行。它包括：

——受试设备的典型工作条件；

——受试设备是按台式设备还是落地式设备进行试验；

——确定施加放电点；

——在每个点上，是采用接触放电还是空气放电；

——所使用的试验等级；

——符合性试验中在每个点上施加的放电次数；

——是否还进行安装后的试验。

为了制定试验计划，可能需要进行某种调查性试验。

（2）试验点的选择

1）接触放电主要针对一些人手容易触摸到的金属部分及螺丝等。

2）空气放电主要对一些人体触摸不到的孔、洞及缝隙进行放电。

所考虑的试验点可包括以下位置：

——与地绝缘的金属外壳上的一些点。

——控制或键盘区域任何点和人机通讯的其他任何点，如开关、键、旋钮、按钮、指示器、发光二极管（LED）、缝隙、栅格、连接器罩等，以及其他操作人员易于接近的区域。

3）对于不接地设备，带泄放电阻电缆的存在会影响某些设备的试验结果。若在连续放电之间电荷能有效地衰减，断开泄放电阻电缆的静电放电试验优先于连接泄放电阻电缆的试验。因此，以下选择可作为替代方法：

——连续放电的时间间隔应长于受试设备的电荷自然衰减所需的时间；

——使用带泄放电阻（例如 $2\times470k\Omega$）的碳纤维刷清除受试设备的电荷。

注1：在电荷衰减有争议时，可用非接触电场计监视受试设备上的电荷。当放电衰减至低于初始值的10%后，受试设备被认为已放电。

（3）对受试设备直接施加的放电

除非在通用标准、产品标准或者产品类标准中有其他规定，静电只施加在正常使用时人员可接触到的受试设备上的点和面。以下是例外的情况（亦即，放电不施加在下述点）：

1）在维修时才接触得到的点和面。这种情况下，特定的静电放电简化方法应在相关文件中注明。

2）最终用户保养时接触到的点和面。这些极少接触到的点，如换电池时接触到的电池、录音电话中的磁带等。

3）设备安装固定后或按使用说明使用后不再能接触到的点和面，例如，底部和/或者设备的靠墙面或安装端子后的地方。

4）外壳为金属的同轴连接器和多芯连接器可接触到的点，该情况下，仅对连接器的外壳施加接触放电。

非导电（例如，塑料）连接器内可接触到的点，应只进行空气放电实验。试验使用静电放电发生器的圆形电极头。通常，应该考虑以下六种情况（见表3-9）：

表3-9 放电实验的不同情况说明

例	连接器外壳	涂层材料	空气放电	接触放电
1	金属	无	—	外壳
2	金属	绝缘	涂层	可接触的外壳
3	金属	金属	—	外壳和涂层
4	绝缘	无	a	—
5	绝缘	绝缘	涂层	—
6	绝缘	金属	—	涂层

注：若连接器插脚有防静电涂层，涂层或设备上采用涂层的连接器附近应有静电放电警告标签。

a 若产品（类）标准要求对绝缘连接器的各个插脚进行试验，应采用空气放电。

5）由于功能原因对静电放电敏感并有静电放电警告标签的连接器或其他接触部分可接触到的点，如测量、接收或其他通讯功能的射频输入端。

基本原理：许多连接器端子用于处理模拟或数字的高频信息，因而不能使用充分的过压保护装置。过压保护二极管的寄生电容妨碍受试设备工作频段内的工作。对于模拟信号，带通滤波器可能是解决方案。

在上述情况中，推荐的特定静电放电简化步骤应在相关文件中注明。最后的试验值不应超过产品的规范值，以避免损坏设备。试验应以单次放电的方式进行。在预选点上，至少施加十次单次放电（最敏感的极性）。

注1：最小放电次数取决于受试设备，有同步回路的设备需要更多的放电次数。

连续单次放电之间的时间间隔建议至少1s，但为了确定系统是否会发生故障，可能需要较长的时间间隔。

注2：放电通过以20次/s或以上放电重复率来进行试探的方法加以选择。

静电放电发生器应保持与实施放电的表面垂直，以改善试验结果的可重复性。如果静电放电发生器不能和施加表面保持垂直，放电采用的测试方法应记录在报告中。

当实施放电的时候,发生器的放电回路电缆与受试设备的距离至少应保持0.2m,并且操作者不能手持放电回路电缆。

在接触放电的情况下,放电电极的顶端应在操作放电开关之前接触受试设备。对于表面涂漆的情况,应采用以下的操作程序:

如设备制造厂家未说明涂膜为绝缘层,则发生器的电极头应穿入漆膜,以便与导电层接触。若厂家指明涂漆是绝缘层,则应只进行空气放电。这类表面不应该进行接触放电试验。

在空气放电的情况下,放电电极的圆形放电头应尽可能快地接近并触及受试设备(不要造成机械损伤)。每次放电之后,应将静电放电发生器的放电电极从受试设备移开,然后重新触发发生器,进行新的单次放电,这个程序应当重复至放电完成为止。在空气放电试验的情况下,用作接触放电的放电开关应该闭合。

(4)间接施加的放电

1)受试设备周围物体的放电

对放置于或安装在受试设备附近物体的放电,应用静电放电发生器对耦合板接触放电的方式进行模拟。

2)水平耦合板

对水平耦合板放电应在水平方向对其边缘施加。

在距受试设备每个单元(若试用)中心点的前面的0.1m处水平耦合板边缘,至少施加10次单次放电(以最敏感的极性)。放电时,放电电极的长轴应处在水平耦合板的平面,并与其前面的边缘垂直。

在放电开关闭合前,放电电极应接触水平耦合板的边缘。

产品标准可能要求对受试设备的所有面都施加放电试验。

3)垂直耦合板

对耦合板的一个垂直边的中心至少施加10次的单次放电(以最敏感的极性),应将尺寸为0.5m×0.5m的耦合板平行于受试设备放置,且与其保持0.1m的距离。

放电应施加在耦合板上,通过调整耦合板位置,使受试设备四面不同的位置都受到放电试验。垂直耦合板的放置被认为覆盖了受试设备 0.5m×0.5m 的表面。

(5) GB/T 17618—2015 标准中对 EUT 施加静电的要求

本试验程序应依据 IEC 61000-4-2:2008 进行,并作如下修改和说明:

静电放电仅应对设备在正常使用期间可能被触及的点或面施加,包括在用户手册中规定的用户可能触及的部分,例如在 EUT 通电时清理或添加耗材可能触及的部位。

试验点的数量视具体设备而定,试验点的选择应考虑 IEC 61000-4-2:2008 中 8.3.1 和 A.5 的要求。连接器断开状态下,其触点的静电放电试验不做要求。

IEC 61000-4-2:2008 的 A.5 给出了实际试验点的选择指南。当选择试验点时,应特别关注键盘、拨号盘、电源开关、鼠标、驱动器缝隙、卡插槽、通信端口周围等部位。

应通过两种方式进行放电:

1) 对导电表面和耦合板的接触放电

EUT 应承受至少 200 次静电放电,其中正、负极性各 100 次,且应至少在 EUT 的 4 个试验点上进行。对于台式设备,其中一个试验点应为水平耦合板前边缘中心,进行至少 50 次间接放电(正、负极性各 25 次)。所有其他的试验点,每点都应进行至少 50 次直接接触放电(正、负极性各 25 次)。宜对所有正常使用时会被用户接触到的区域都进行试验。如果没有适用的直接接触试验点,则应以间接放电的方式进行至少 200 次放电[见 IEC 61000-4-2:2008 对垂直耦合板(VCP)进行放电的方法]。

对于接触放电,IEC 61000-4-2:2008 第 5 章规定的较低等级的试验要求不适用。

2) 对孔、缝和绝缘表面进行空气放电

当对 EUT 的某些部位无法进行接触放电试验时,宜对设备进行检查并辨别使用者容易接触且易发生空气击穿的点,例如,按键边缘的缝隙、键盘和电话听筒的外壳。对这些部位按空气放电方式进行试验。

八、射频电磁场辐射抗扰度试验

本节以标准 GB/T 17626.3—2016/IEC 61000-4-3：2010 为主要依据，介绍电气和电子设备对于射频电磁场辐射抗扰度的试验原理、试验方法等内容。

1. 射频电磁场辐射抗扰度

能量以电磁波的形式通过空间传播的现象称为电磁辐射。

射频电磁场辐射抗扰度（RS）：各种电气和电子产品或系统，抵抗射频电磁场辐射的一种能力。

2. 射频电磁场辐射抗扰度试验原理

针对射频电磁场辐射通过空间以电磁波形式传播的特性，采用信号源、功率放大器、发射天线产生一定等级的射频电磁场，对 EUT 进行"全身全方位照射"（为了达到 EUT 多个面的均匀照射，需要分多次进行），以考核 EUT 的抵抗射频电磁场辐射的能力大小，即射频电磁场辐射抗扰度水平。

为了实现试验的可复现和各机构试验结果的可比较，应使用统一规范的试验场地、测试设备、辅助设备要求及试验条件和方法，比如利用全电波暗室作为测试场地在隔绝外部电磁波影响的同时，避免试验信号产生来回反射影响 EUT 实际受到的"照射强度"超出标准试验等级的允许范围。

实际上，除了信号源、功率放大器、发射天线以外，需要加上电脑主机、场强探头、功率计、定向耦合器、监控系统等辅助设备组成完整的测试系统，EUT 摆放在电波暗室经过校准的场均匀面上。

3. 试验场地条件

（1）场地

典型的试验设施举例见图 3-52。试验设施为全电波暗室或调整（即敷设地面吸波材料）后的半电波暗室。相关屏蔽室应适合于安放发生场强的设备、监视设备和遥控 EUT 的装置。

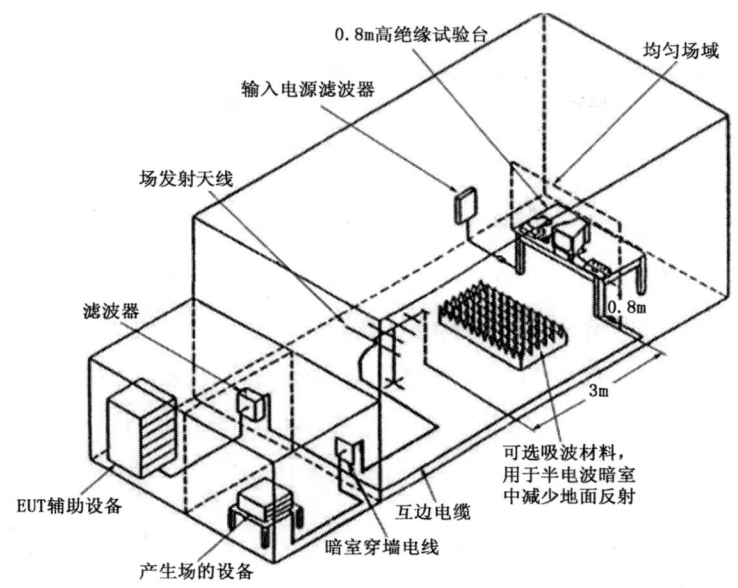

图 3-52　典型的试验设施举例

电波暗室在低频时可能效果不佳，应特别注意确保低频时产生场强的均匀性。

（2）试验场地的校验

场校验的目的是为确保 EUT 周围的场充分均匀，以保证试验结果的有效性。本部分中使用"均匀场域"（以下简称 UFA）的概念（见图 3-53）。

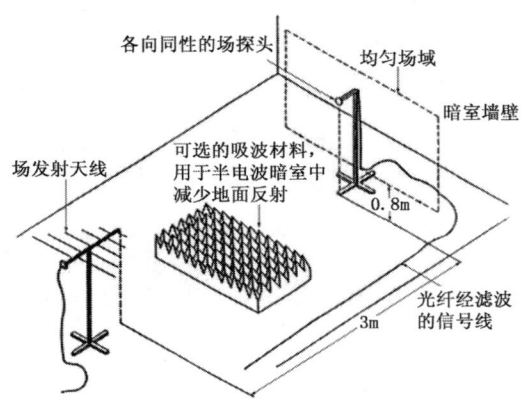

图 3-53　场校准

这是一个场的假想的垂直平面,在该平面中场的变化足够小。在校验过程中,要求测试装置和设备有产生这样的一个场的能力。同时,得到一个产生抗扰度测试所要求的场强的设置的数据库。场校验对所有的单个面可以全部被 UFA 覆盖的 EUT 都是有效的。

场校验在无 EUT 的场地上进行。在该过程中,UFA 的场强和输出给天线前向功率的关系是确定的。在测试的过程中,前向功率通过这个确定的关系和目标场强计算出来。只要测试布置不发生改变,该校验是一直有效的。因此应记录校验的布置(天线、增加的吸波材料、电缆等)。尽量准确地记录天线和电缆位置是重要的。即使是很小的移动也可能对场的分布产生很大的影响,因此在每次测试时都应使用相同的位置。

用于试验的整个区域的校验应每年进行一次,当室内布置发生变化时(更换吸波材料、试验区域位置移动、设备改变等)也应进行校验,在每一批试验前,应确认校验的有效性。

天线放置的距离应能使 UFA 处于发射场的主波瓣宽度之内。场强传感器至少距离场发射天线 1m 以上。UFA 离发射天线的距离最好为 3m(见图 3-53),该距离是从指双锥天线的中心,或对数周期天线的顶端,或喇叭天线的前沿,或双脊波导天线的前沿到 UFA 的距离。校验记录和测试报告应说明采用的距离。

除非 EUT 及其线缆可以被一个小的面积完全照射,否则 UFA 的尺寸至少为 1.5m×1.5m,UFA 的下端距离地面的高度为 0.8m。任何情况下,UFA 不得小于 0.5m×0.5m。在抗扰度测试的过程中,EUT 的面应被 UFA 完全覆盖。

为了确定测试的严酷度等级,对于某些接近参考地平面放置的 EUT 和电缆必须测试,此时还要记录离参考地平面上方 0.4m 高处的场强。在校准文件中记录该数据不用于试验设施适用性判断,也不纳入校验数据库。

为了对那些必须接近大地基准平面做试验的 EUT 和电缆或侧面大于 1.5m×1.5m 的 EUT 建立试验的严酷度,也要记录 40cm 高度上的场强和 EUT 全宽和全高上的场强,并写入试验报告中。

将 UFA 分割成间距为 0.5m 的一系列小格（见图 3-54，1.5m×1.5m 的 UFA 举例）。在每个频点，所有栅格点中有 75% 的点测得的场强幅值为标称值-0dB ~ +6dB 范围内的值（例如，如果 1.5m×1.5m UFA 测量的至少 16 个点中的 12 个点在容差范围内），即认为该场是均匀的。对于 0.5m× 0.5m 最少的 UFA，所有 4 个栅格点的场强值都应在容差范围内。

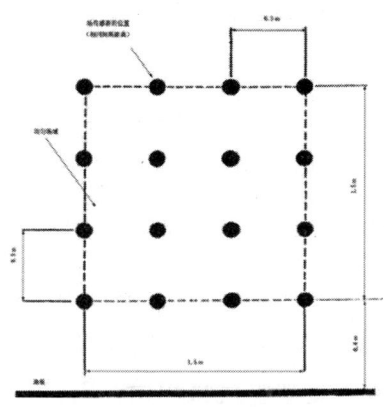

图 3-54 场校准均匀场域的尺寸

注 1：在不同的频率点，容差范围内的测试点可能不同。

-0 ~ +6dB 作为容差范围，是为确保场强不会在可接受的概率下降到标称值以下。6dB 容差是在实际测试设备中可实现的最小范围。

当频率范围达到 1GHz 时，容差可大于 6dB 达到 10dB，但是不能小于-0dB，允许调整容差的频率点数量不得超过整个测试频率点的 3%，在测试报告中记录真实的容差。有争议时，优先考虑- 0dB ~ +6dB。

注 2：可用其他确保不饱和的校准方法

注 3：在 GB/T 17626.3—2016/IEC 61000-4-3：2010 标准第 6.2.1 和第 6.2.2 章节中分别介绍了恒定场强校准方法以及恒定功率校准方法。

（3）试验台

考虑电波暗室内静区和转台大小的适用情况下，针对台式 EUT、绝缘试验台应足够大，桌面实际尺寸取决于 EUT 的水平尺寸。

一般情况下，可以采用如下尺寸的绝缘试验桌：

台面大小 1.0m × 0.7m 或者 1.5m × 1.0m，高度为 0.8m。

当需要某种装置支撑 EUT 时（无论是试验台还是落地式设备支撑装置），应该选用不导电的非金属材料制作。可考虑低绝缘常数（低介电常数）的材料，例如硬聚苯乙烯。

（4）气候条件

除非产品或产品类标准委员会另有规定，实验室气候条件应符合 EUT 和测试设备各自制造商规定运行条件的要求，受试设备应在预期的气候条件下工作。

没有明确规定的情况下，建议试验在以下气候条件下进行：

环境温度：15 ~ 35℃；相对湿度：25% ~ 75%；大气压力：86 ~ 106kPa。

4. 试验布置

所有 EUT 的测试都应在尽可能接近实际安装配置条件下进行。

若设备被设计安装在支架上或机柜中，则应在这种状态下进行试验。设备的机箱或外壳的接地应符合制造商的安装条件。

台式 EUT 应放置在一个 0.8m 高的绝缘试验台，典型台式 EUT 布置如图 3-55 所示。

便携式设备的试验可按台式设备相同的方法进行。（但可能由于未考虑人身的某些特点而使试验等级不足或过强。因此，建议有关专业标准化技术委员会规定使用一个有适当绝缘特性的人体模拟器。）

当 EUT 由台式和落地式部件组成时，要保持正确的相对位置。

注 1：使用非导体支撑物可防止 EUT 偶然接地和场的畸变。为了保证不出现场的畸变，支撑体应是非导体，而不是由绝缘层包裹的金属构架。

注 2：在更高的频率（如高于 1GHz），木材或者玻璃钢的桌子或支撑物会产生反射。因此，应使用低介电常数材料，例如硬聚苯乙烯，以避免场畸变而降低场均匀度的等级。

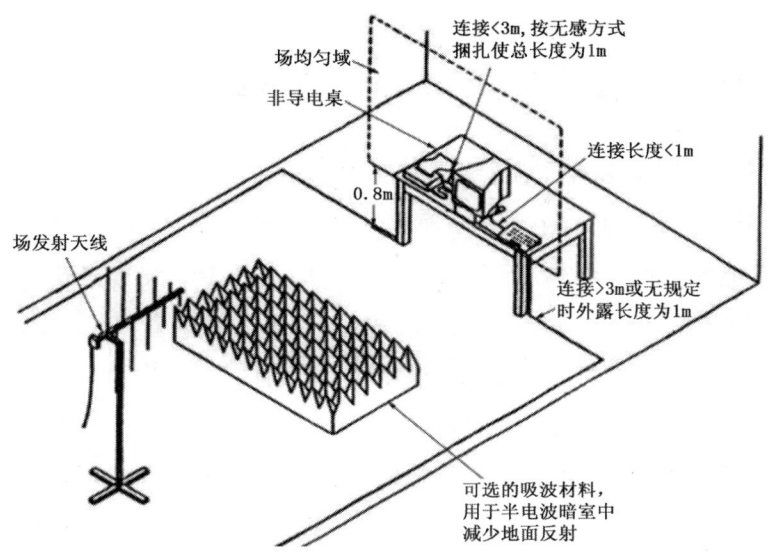

图 3-55 台式设备的试验布置举例

5. 射频电磁场辐射抗扰度试验

（1）制定试验计划

首先弄清试验任务、明确要求，制定试验计划，该计划应包含核查 EUT 的运行是否符合技术指标要求。试验计划应包含下列内容：

——EUT 尺寸；

——EUT 典型运行条件；

——确定 EUT 按台式、落地式，或是两者结合的方式进行试验；

——对落地式 EUT，需确认 EUT 高度；

——所用试验设备的类型和发射天线的位置；

——所用天线的类型；

——扫频速率，驻留时间和频率步长；

——均匀场域的尺寸和形状；

——是否使用部分照射方法；

——适用的试验等级；

——所用互连线的类型与数量以及（EUT 的）接口；

——可接受的性能判据；

——EUT运行方法的描述。

（2）试验实施

按照计划实施试验工作。应该注意试验前、试验中、试验后要关注什么做些什么。保证EUT在典型（通常）运行条件下进行测试。

1）通常按图3-53所示的布置对电波暗室和半电波暗室进行场的校验。应按下述的步骤用未调制的载波分别对水平和垂直极化方向进行校准。要求确认功率放大器可以响应信号的调制且在测试过程中不会达到饱和。确认功率放大器不会达到饱和的推荐方法是：校准用的场强应至少为将要施加给EUT场强的1.8倍。用E_c表示该校准场强，试验场强E_t不超过$E_c/1.8$。

在测试前，宜检查校准场强的强度，以确认测试设备/系统处于正常工作状态。

将EUT置于使其某个面与校准的平面相重合的位置。该EUT的面被UFA覆盖。

2）对校准场验证后，可以运用校准中获得的数据产生试验场。

扫频过程中的信号应使用标准中定义的调制信号，当需要时，可以暂停扫描以调整射频信号电平和天线。扫频过程中频率逐步增加，步长不超过前一频率的1%。

每一频率点上，幅度调制载波的扫描驻留时间应不少于EUT动作及响应所需的时间，且不得短于0.5s。对敏感频点（如时钟频率）则应按照产品标准要求特殊考虑。

3）发射天线应对EUT的4个侧面逐一进行试验。当EUT能以不同方向（如垂直或水平）放置使用时，各个侧面均应试验。经过技术论证，试验时一些EUT可以采用较少面面向发射天线。在其他情况下，例如依据EUT类型和尺寸或测试频率，应有4个以上方位被照射。

注1：随着EUT电尺寸的增长，其天线方向图的复杂性也会增加，天线方向图的复杂性会影响确定最低抗扰度必要的测试方向的数量。

注2：若 EUT 由几个部件组成，从各侧面进行照射试验时，无须调整其内部任一部件的位置。

4）需在发射天线的两种极化状态下对 EUT 的每一侧面进行试验，一次在天线垂直极化位置，另一次在天线水平极化位置。

在试验过程中，应尽可能使 EUT 充分运行，并在所有选定的敏感运行模式下进行抗扰度试验。推荐使用特定的运行程序。

5）如果 EUT 需要被照射的表面大于 1.5m×1.5m，且 UFA 最大的尺寸（推荐方法下）不能覆盖，可对 EUT 表面进行一系列的照射测试（"部分照射"）。两者选其一：

① 辐射天线应在不同的位置进行场地校验，使得组合后的多个 UFA 覆盖 EUT 的表面。然后依次在这些位置上对 EUT 进行试验。

② 将 EUT 移到不同位置。在试验中，使 EUT 的每个部分至少处于 UFA 一次。

九、电快速瞬变脉冲群抗扰度试验

本节以标准 GB/T 17626.4—2018/IEC 61000-4-4：2012 为主要依据，介绍电快速瞬变脉冲群抗扰度的试验原理、试验方法等内容。

1. 电快速瞬变脉冲群 EFT 抗扰度

EFT 是由电感性负载（如继电器、接触器产生的传导干扰，高压开关切换产生的辐射干扰等）在断开或接通时，由于开关触点间隙的击穿或触点弹跳等原因，在开关处产生一连串的暂态脉冲（脉冲群）骚扰。当感性负载多次重复通断，则脉冲群又会以相应的时间间隙多次重复出现。

2. 电快速瞬变脉冲群抗扰度试验原理

重复性快速瞬变试验是一种将由许多快速瞬变脉冲组成的脉冲群耦合到电气和电子设备的电源端口、控制端口、信号端口、和接地端口的试验，试验的要点是瞬变的高幅值、短上升时间、高重复率和低能量，参见标准 GB/T

17626.4—2018 附录 A。

使用专门的抗扰度试验设备模拟实际产生电快速瞬变脉冲群试验信号直接加载或者通过耦合夹夹住待试验连接线作用于 EUT 端口进行试验，可以衡量电气和电子设备对诸如来自切换瞬态过程（切断感性负载、继电器触点弹跳等）的各种类型瞬变骚扰的抗扰度。

3. 试验场地条件

（1）测试场地

实验室的电磁环境应保证受试设备的正确运行，不应影响试验结果；同时，该环境应该与周边敏感设备或者敏感区域具有足够间隔或者隔离，确保试验本身不影响周边敏感设备或者敏感区域。

（2）试验台

1）试验桌

绝缘试验台相对台式 EUT 应足够大，桌面实际尺寸取决于 EUT 的水平尺寸。

一般情况下，可以选择如下尺寸的绝缘试验桌：

台面大小 2.0m × 1.0m 或者 1.5m × 1.0m，高度为 0.8m。

2）接地参考平面

无论是台式设备使用试验台抑或落地时设备放置在地面，均应该敷设在台面或者地面预先接地参考平面：它应是一种最小厚度为 0.25mm 的铜或铝的金属薄板，其他金属材料虽可使用但至少要有 0.65mm 的厚度。接地参考平面的最小尺寸为 0.8m×1m。其实际尺寸取决于受试设备的尺寸。接地参考平面的各边至少应比受试设备超出 0.1m，并将它与保护接地系统相连。

注：基于试验环境定义不同类型的试验：在实验室进行的型式（符合性）试验；在设备最终安装条件下，对设备进行的现场试验。优先采用在实验室进行的型式试验。

应按照制造商的安装说明书（如适用）布置受试设备。

(3) 气候条件

除非负责通用标准或产品标准的委员会有其他规定，实验室的气候条件应在受试设备制造商及试验设备制造商规定的限值之内，受试设备应在预期的气候条件下工作。

没有明确规定的情况下，建议试验在以下气候条件下进行：

环境温度：15~35℃；相对湿度：25%~75%；大气压力：86~106kPa。

若相对湿度过高，以致引起受试设备或试验设备凝露，试验不应进行。

4. 试验布置

(1) 概述

基于试验环境定义不同类型的试验：

在实验室进行的型式（符合性）试验，试验布置见图3-56；在设备最终安装条件下对设备进行的现场试验。优先采用在实验室进行的型式试验。

应按照制造商的安装说明书（如适用）布置受试设备。

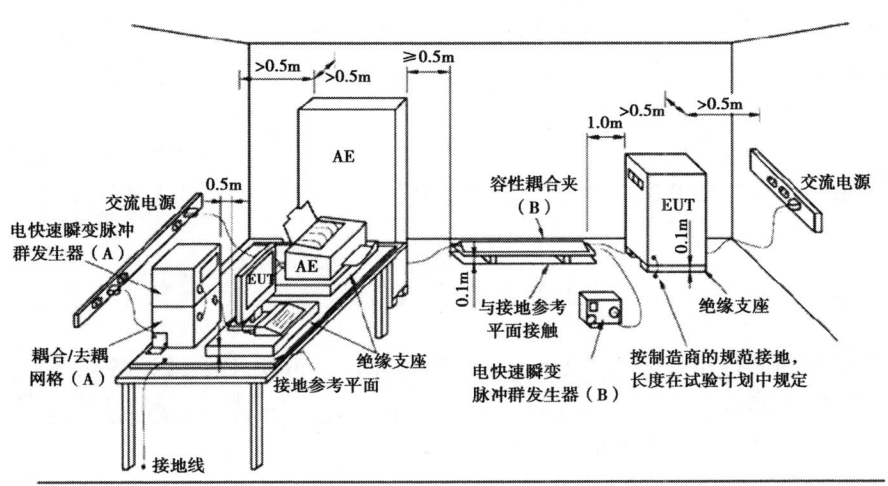

说明：(A)—电源线耦合位置；(B)—信号线耦合位置

图3-56 试验布置图

(2) 总体要求

受试设备应该按照设备安装规范进行布置和连接，以满足它的功能要求。

无论是台式设备或者是落地式和设计安装于其他配置中的受试设备，除非另外提及，都应放置在接地参考平面上。并用厚度（0.1±0.01）m 的绝缘支座（包括不导电的滚轮在内）与之隔开。受试设备和所有其他导电性结构（包括发生器、辅助设备和屏蔽室的墙壁）之间的最小距离应大于 0.5m。

（3）台式设备布置说明

台式设备和通常安装于天花板或者墙壁的设备，以及嵌入式设备应按受试设备放置在接地参考平面上方（0.1±0.01）m 处试验。

大型的台式设备或多系统的试验可按落地式进行，应维持与台式设备试验布置相同的距离。

试验发生器和耦合/去耦网络应与参考接地平面搭接。

接地参考平面应为一块厚度不小于 0.25 mm 的金属板（铜或铝）；也可以使用其他的金属材料，但其厚度至少应为 0.65mm。

接地参考平面的最小尺寸为 0.8m×1m。其实际尺寸取决于受试设备的尺寸。

接地参考平面的各边至少应比受试设备超出 0.1m。

因安全原因，接地参考平面应与保护接地相连接。

与受试设备相连接的所有电缆应放置在接地参考平面上方 0.1m 的绝缘支撑上，不经受电快速瞬变脉冲的电缆布线应尽量远离受试电缆，以使电缆间的耦合最小。

受试设备应按照制造商的安装规范连接到接地系统上，不允许有额外的接地。

耦合/去耦网络连接到接地参考平面的接地电缆，以及所有的搭接所产生的连接阻抗，其电感成分要小。

5. 试验操作

应采用直接耦合或容性耦合夹施加试验电压。试验电压应逐个耦合到受试设备的所有端口，包括受试设备两单元之间的端口，除非设备单元之间互连线的长度达不到进行试验的基本要求。

(1) 电源端口

图 3-57 给出了经过耦合/去耦网络直接耦合电快速瞬变脉冲群骚扰电压的试验配置的实例。这是耦合到电源端口首选的方法。

对于电源端口中无接地端子的设备，试验电压仅施加在 L 和 N 线上。

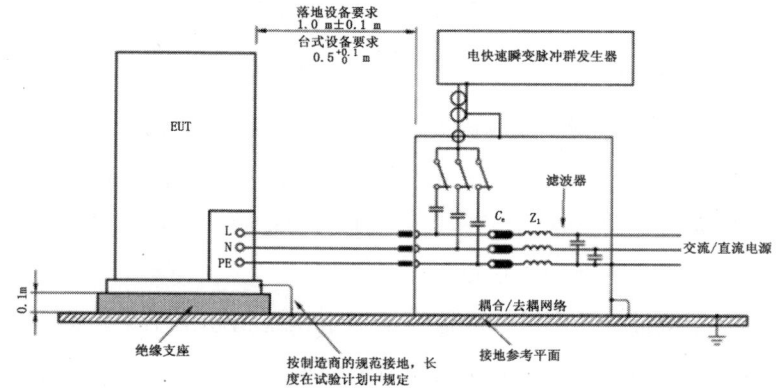

元件：PE—保护接地；N—中线；L—相线；Z_1—去耦电感；C_c—耦合电容

图 3-57 对交流/直流电源端直接耦合试验电压的实验室型式试验布置示例

若没有适合的耦合/去耦网络，例如当交流电源电流大于 100A，采用下述替代方法：

对共模和非对称模，用 (33±6.6) nF 电容直接注入是首选耦合方法。

如果不能进行直接注入，可使用容性耦合夹。

(2) 信号和控制端口

使用容性耦合夹把骚扰试验电压施加到信号和控制端口，线缆应放置在耦合夹的中央。连接的非受试设备或者辅助设备可适当去耦。

(3) 接地端口

对电源端口有接地端的金属外壳设备，其测试点应是保护接地点的导电端子。

在耦合/去耦网络不可使用的场合，应通过一个 (33±6.6) nF 耦合电容将试验电压施加到保护地 (PE) 连接点。

十、浪涌（冲击）抗扰度试验

本节以标准 GB/T 17626.5—2008/IEC 61000-4-5：2005 为主要依据，介绍浪涌（冲击）抗扰度的试验原理、试验方法等内容。

1. 浪涌（冲击）

EMC 概念上的浪涌，就是瞬间出现超出稳定值的峰值，是超出正常工作电压的瞬间过电压，是发生在仅仅几百万分之一秒时间内的一种剧烈脉冲，是沿线路或电路传送的电流或者电压的瞬态波，其特征是先快速上升后缓慢下降，产生的时间非常短。

浪涌包括浪涌电压和浪涌电流。浪涌电压是指超出正常工作电压的瞬间过电压。浪涌电流是指远超出稳态电流的瞬间峰值电流或过载电流。

2. 浪涌（冲击）试验原理

为了避免产品易损和保证工作可靠，设计制造商及用户对于浪涌（冲击）防护和设备的浪涌（冲击）抗扰度给予了越来越多的重视。

试验原理核心就是利用试验设备产生模拟实际的各种等级的浪涌（冲击）波形施加于 EUT 端口。针对浪涌波形和可能的能量大小，为了检验设备对于浪涌（冲击）的抗扰能力，使用可以产生不同等级的浪涌波形的试验设备，通过规定合适的耦合方式模拟直接和间接耦合方式，对 EUT 不同端口进行浪涌（冲击）试验。

不同地区常见雷电的形态往往是不同的，针对自然界不同地区由雷电在电力传输线上引起的常见波形、不同地区的适用标准规定了典型的试验波形；根据设备不同端口对于不同波形的敏感性，相关标准也定义了不同端口适用的试验波形。比如标准 GB/T 17626.5—2008/IEC 61000-4-5：2005，分别针对通信端口和其他端口，规定 10/700us 和 1.2/50us 两种典型波形。

为了实现试验的可复现和各机构试验结果的可比较，应使用统一规范的试验场地、测试设备、辅助设备要求及试验条件和方法。

3. 试验场地条件

（1）测试场地

实验室的电磁环境应保证受试设备的正确运行，不应影响试验结果，同时该环境应该与周边敏感设备或者敏感区域具有足够间隔或者隔离，确保试验本身不影响周边敏感设备或者敏感区域。

（2）试验台

1）试验桌

绝缘试验台相对台式 EUT 应足够大，桌面实际尺寸取决于 EUT 的水平尺寸。

一般情况下，可以选择如下尺寸的绝缘试验桌：

台面大小 2.0m × 1.0m 或者 1.5m × 1.0m，高度为 0.8m。

2）接地参考平面

一般不需要配备金属参考接地平面，但在以下情况时，需要配备金属参考接地平面：

EUT 正常安装时用到金属接地平面；

当试验频率比较高，例如使用气体放电管耦合法；

按标准 GB/T 17626.5—2008 条款 7.6.1 要求，对于被试设备与地绝缘，浪涌（冲击）直接施加在被试设备的金属外壳上，被试设备的端口经单层或多层屏蔽电缆与终端连接，而屏蔽电缆的终端（或辅助设备）接地。

接地参考平面是一种最小厚度为 0.25mm 的铜或铝的金属薄板，其他金属材料虽可使用但至少要有 0.65mm 的厚度。接地参考平面的最小尺寸为 0.8m×1m。其实际尺寸取决于受试设备的尺寸。接地参考平面的各边至少应比受试设备超出 0.1m，并将它与保护接地系统相连。

（3）气候条件

除非负责通用标准或产品标准的委员会有其他规定，实验室的气候条件应在受试设备制造商及试验设备制造商规定的限值之内，受试设备应在预期的气候条件下工作。

没有明确规定情况下,建议试验在以下气候条件下进行:

环境温度:15～35℃;相对湿度:25%～75%;大气压力:86～106kPa。

若相对湿度过高,以致引起受试设备或试验设备凝露,试验不应进行。

4. 试验配置

这里重点说明常见的电源端的试验配置和屏蔽线的试验配置,其他见标准。

(1)电源端的试验配置

1.2/50μs 的浪涌经电容耦合网络加到 EUT 电源端上。为避免对同电源供电的非受试设备产生不利影响,并为浪涌波提供足够的去耦阻抗,以便将规定的浪涌施加到受试线缆上,需要使用去耦网络。

如果没有其他规定,EUT 和耦合/去耦网络之间的电源线长度不应超过 2m。

本部分规定,只有直接连接到交流和直流电源系统的端口才被认为是电源端口。

对于没有地线或外部接地连接的双重绝缘产品,测试应按与接地设备类似的方法进行,但是不允许添加额外的外部接地连接。如没有其他接地的可能,可以不进行线到地测试。

(2)屏蔽线的试验配置

对于屏蔽线,耦合/去耦网络不再适用,应使如图 3-58 和图 3-59 所示的试验配置。

直接施加:

EUT 与地绝缘,浪涌直接施加在它的金属外壳;受试端口的终端(或辅助设备)接地。该试验适用于使用一根或多根屏蔽电缆的设备。

除受试端口,所有与 EUT 连接的端口都应该通过合适方法如安全隔离变压器或合适的耦合/去耦网络与地隔离。受试端口与连接到该端口的电缆的另一端的装置之间的电缆长度应该是 EUT 规定的最大长度或 20m,两者取小者，如果长度超过 1m，应该按非电感性的结构捆扎。

屏蔽线施加浪涌的规则：

①两端接地的屏蔽线：按图 3-58 给屏蔽层施加浪涌。

②一端接地的屏蔽线：按图 3-59 进行试验。如果在安装中，屏蔽层仅在辅助设备端接地，则试验应该在这种配置下进行，但是发生器仍按图 3-59 所示连接在 EUT 一侧。如果电缆长度允许，电缆应该置于离接地平板 0.1m 高的绝缘垫或电缆槽上。

对没有金属外壳的产品，浪涌可直接施加到屏蔽电缆上。

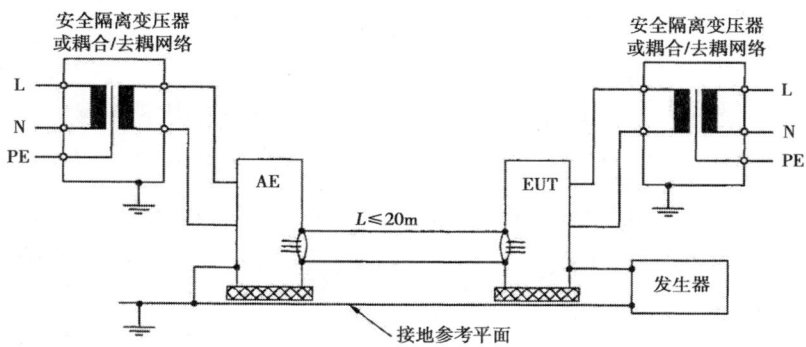

图 3-58　适用于屏蔽线（见标准 7.6）和施加电位差（见标准 7.7）的试验配置示例

注1：允许不经过隔离变压器而通过去耦网络为 EUT 和/或 AE 供电，但此时应断开 EUT 的保护地；
注2：该配置示意图也适用于直流供电的 EUT。

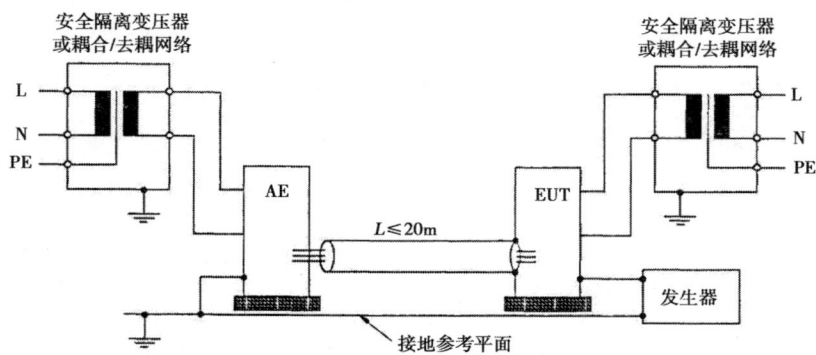

图 3-59　适用于一端接地的屏蔽线（见标准 7.6）
和施加电位差（见标准 7.7）的试验配置示例

注1：允许不经过隔离变压器而通过去耦网络为 EUT 和/或 AE 供电，但此时应断开 EUT 的保护地；
注2：该配置示例图也适用于直流供电的 EUT。

5. 试验操作

（1）EUT 的工作状态

试验时的工作状态和安装情况应与产品技术要求一致，应包括两个方面：试验布置（硬件）；试验程序（软件）。

（2）试验操作

试验之前，应对发生器和耦合/去耦网络进行验证。性能检查通常限于检查有没有浪涌脉冲，有没有浪涌电压和/或电流。

试验应根据试验计划进行，计划中应规定试验配置，应包含如下内容：

1）试验等级（电压）（见 GB/T 17626.5——2008 附录 A）；

2）浪涌次数：除非相关的产品标准有规定，施加在直流电源端和互连线上的浪涌脉冲次数应为正、负极性各 5 次，对交流电源端口，应分别在 0°、90°、180°、270°相位施加正、负极性各 5 次的浪涌脉冲；连续脉冲间的时间间隔为 1 分钟或更短；

3）EUT 的典型工作状态；

4）浪涌施加的部位。

电源端口（直流或交流）可能是输入或输出端口。

注 1：对于输出端口的浪涌试验，只推荐在浪涌可能通过该端口进入 EUT 的输出端口（如：大功耗负载的切换）上进行。

对低压（电压不大于 60V）直流输入/输出端，如果次级电路（与交流电源端口隔离）不会遭受瞬态过电压（如通过可靠接地和电容滤波的直流次级电路，其纹波的峰值小于直流分量的 10%）时，则不用对该低压直流输入/输出端进行浪涌试验。

在有几个相同线路的情况下，可能只需选择一定数量的线路进行典型测量即可。

如果重复率比 1/min 更快的试验使 EUT 发生故障，而按 1/min 重复率进行测试时，EUT 却工作正常，则使用 1/min 的重复率进行测试。

注2：如果合适，产品委员会可以选择不同的相位角，或者在每个相位上增减浪涌的次数。

注3：对于常用的浪涌保护装置，尽管它们的峰值功率或峰值能量指标能经受大电流，但是它们的平均功率较低。因此，两次浪涌的时间间隔取决于EUT内置的保护装置。

十一、射频场感应的传导骚扰抗扰度试验

本节以 GB/T 17626.6—2017《电磁兼容试验和测量技术 射频场感应的传导骚扰抗扰度》为依据，介绍150kHz~80MHz频率范围射频场感应传导骚扰抗扰度的试验原理、试验方法等内容。

1. 射频场感应的传导骚扰抗扰度

传导骚扰，指通过导体把导体一端或者导体上的骚扰信号传导到另外一端的现象。而导体通过辐射射频场感应耦合了骚扰信号，再把这些感应耦合的骚扰信号传导到导体另外一端的现象，就是射频场感应的传导骚扰。

2. 射频场感应的传导骚扰抗扰度试验原理

为了检验设备对射频场感应的传导骚扰的免疫能力，假设连接设备的电缆系统处于谐振的方式（$\lambda/4$ 和 $\lambda/2$ 展开或等同折叠偶极子形式），由相对于参考地平面（板）具有150Ω共模阻抗的耦合/去耦装置代表这种电缆系统。如果可能，EUT连接在两个150Ω共模阻抗之间进行试验：一个提供射频信号源，另一个提供电流回路。该试验方法使EUT处于充当骚扰源、模拟实际射频场感应的传导骚扰的电场和磁场中。这些骚扰场（电场和磁场）是由如图3-60a）所示的试验装置产生的电压或电流形成的近区电场和磁场来近似表示。如图3-60b）所示，用耦合/去耦装置提供骚扰信号给某一电缆，同时保持其他电缆

不受影响，只近似于骚扰源以一系列不同的幅度和相位同时作用于全部电缆的实际情况。为了进行全面试验，可以重复多次试验，每次针对不同电缆，而同时保持其他电缆不受影响。根据某些标准或者规范，如果可以，也可以使用适当的电磁钳（EM 钳）或者电流钳一次性将骚扰信号作用于全部电缆。

耦合/去耦装置是根据 GB/T 17626.6 标准 6.2.1 中给出的特性定义的。任何满足这些特性的耦合/去耦装置都可以使用。附录 D 中的 CDN 仅是一些市场上销售的耦合/去耦网络的举例。对于不同的信号端口与外连线类型，可能要采取不同的耦合或者注入方式进行该项试验，更多内容后面介绍。

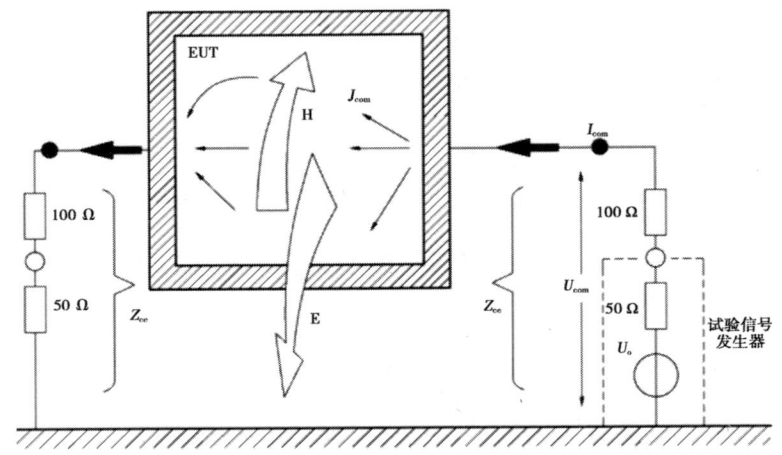

Z_{ce} CDN 系统的共模阻抗，$Z_{ce}=150\Omega$。

注：100Ω 电阻包含在 CDN 中。左边输入端口由一个（无源）50Ω 负载端接，而右边输入端口由试验信号发生器的源阻端端接。

U_o：试验信号发生器源电压（e.m.f）； U_{com}：EUT 与参考平面之间的共模电压；
I_{com}：通过 EUT 的共模电流； J_{com}：在 EUT 的到点平面或其他导体上的电流密度；
E，H：电场和磁场。

图 3-60a）　射频传导骚扰抗扰度试验

为了实现试验的可复现和各机构试验结果的可比较，应使用统一规范的试验场地、测试设备、辅助设备要求及试验条件和方法。

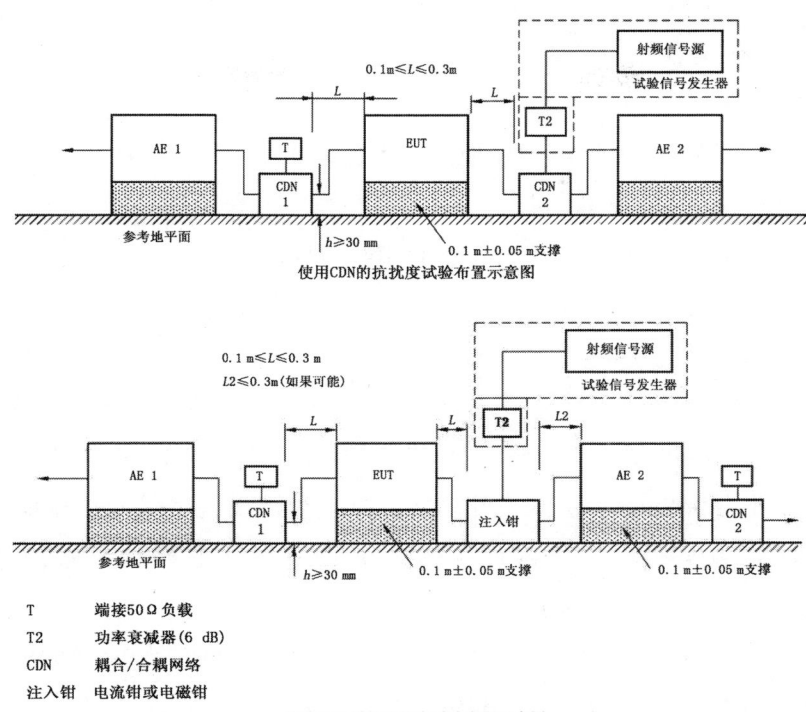

图3-60b)　射频场感应的传导骚扰抗扰度试验

3. 试验场地条件

（1）测试场地

实验室的电磁环境应保证受试设备的正确运行，不应影响试验结果；同时，该环境应该与周边敏感设备或者敏感区域具有足够间隔或者隔离，确保试验本身不影响周边敏感设备或者敏感区域。特别是，对于来自试验布置的辐射应符合当地有关的无线电法规。

当辐射能量超过允许的电平时，应使用屏蔽室进行试验。

CNAS-CL01-A008有相应要求：传导抗扰度检测应具备屏蔽室或保证环境引入的传导干扰满足相应标准的要求。

通常传导抗扰度试验对外界影响而言，可不在屏蔽室内进行，这是由于骚扰电平和试验配置的几何尺寸不可能辐射太高能量，尤其在低频段；

但为了避免电磁环境影响试验结果，需要对电磁环境进行验证。

（2）试验台

1）试验桌

绝缘试验台相对台式 EUT 应足够大，桌面实际尺寸取决于 EUT 的水平尺寸。

一般情况下，可以选择如下尺寸的绝缘试验桌：

台面大小 2.0m×1.0m 或者 1.5m×1.0m，高度为 0.8m。

2）接地参考平面

接地参考平面是一种最小厚度为 0.25mm 的铜或铝的金属薄板，其他金属材料虽可使用但至少要有 0.65mm 的厚度。接地参考平面的最小尺寸为 0.8m×1m。其实际尺寸取决于受试设备的尺寸。接地参考平面的各边至少应比受试设备超出 0.1m，并将它与保护接地系统相连。

为了满足台式设备试验布置要求，桌面放置和桌面大小一致的金属板作为参考地平面，金属板上方放置一个高度为 0.1m 的木质平台（作为绝缘支架的替代）。

为了落地式设备或辅助设备符合试验布置要求，地面需要铺设金属接地板，金属接地板面积建议最小 2m×1m，周边应该保证超出 EUT 之投影边缘最少 0.1m。EUT 应放在参考地平面上方 0.1m 的绝缘支架上。

（3）气候条件

除非负责通用标准或产品标准的委员会有其他规定，实验室的气候条件应在受试设备制造商及试验设备制造商规定的限值之内，受试设备应在预期的气候条件下工作。

没有明确规定情况下，建议试验在以下气候条件下进行：

——环境温度：15~35℃；

——相对湿度：25%~75%；

——大气压力：86~106kPa。

若相对湿度过高，以致引起受试设备或试验设备凝露，试验不应进行。

4．试验布置

试验布置应该注意保证试验设备的接地要求。

EUT 应放在参考地平面上方 0.1m±0.05m 高的绝缘支架上。参考地平面上方 0.1m±0.05m 高度内的非导电可直接作为绝缘支架的替代品。所有与 EUT 连接的电缆应放置于参考地平面上方至少 30mm。

如果 EUT 被设计为安装在一个面板、支架或机柜上，那么它应该在这种配置下进行试验。当需要用一种方式支撑试验样品时，这种支撑应由非金属、非导电材料构成。EUT 的接地应与制造商的安装说明一致。

所需的耦合/去耦装置与 EUT 之间的距离应在 0.1~0.3m 之间，此距离是从 EUT 对参考地平面的投影到耦合/去耦装置的水平距离。

EUT 与 AE 之间的连接电缆应尽可能短。如果 EUT 具有其他接地端子，允许时，应将这些端子通过 CDN-M1 连接到参考地平面。

如果 EUT 带有键盘或手持附件，模拟手应放在键盘上或包裹在附件上然后再连接到参考地平面。

根据产品委员会的规定，按照 EUT 的工作状态选择所需的 AE，均应通过耦合/去耦装置连接到 EUT 上。被测电缆的数量可能是有限的，但所有类型的物理端口均应被注入。

多个单元组成的 EUT，每个分单元应作为一个 EUT 分别试验，其他所有单元被视为 AE。耦合/去耦装置应置于作为 EUT 的分单元的电缆上，全部分单元应依次进行试验。

总是由短电缆（即≤1m）互连并作为 EUT 的一部分的分单元，可被认为是一个 EUT。这些互连电缆被视为系统的内部电缆，不再对它们进行传导抗扰度试验。作为 EUT 一部分的各分单元，应尽可能相互靠近但不接触，并全部置于绝缘支架上，这些单元的互连电缆也应放在绝缘支架上。所有其他电缆应按标准要求进行试验布置。

5. 试验操作

（1）CDN法

CDN法可用于大多数类型的电缆，如电源线、屏蔽线、音频线和同轴线等。不同电缆选择不同CDN进行测试。主要用到的CDN如表3-10所示。

表3-10 不同系列CDN适用情况

CDN型号		M系列	AF系列	T系列	S系列
适用端口类型		供电电源端口	用于2pin到50pins的非屏蔽音频数据线	非屏蔽的平衡线，分2、4和8线	用于2pins到50pins的屏蔽线缆
EUT侧共模阻抗	150kHz~26MHz	(150±20) Ω			
	26MHz~80MHz	(150+60/-45) Ω			
	80MHz~230MHz	(150+60/-45) Ω			
相应信号源	频率范围	150kHz~230MHz			
	连接方式	50Ω，BNC			

（2）电磁钳

电磁钳比较长，中间有圆形的空心铁氧体（两个半圆组成），线缆从中间穿过，射频干扰能量通过感性和容性耦合注入线缆。钳的一端有注入接口，线缆连接EUT时要接近这一端。

（3）电流钳

电流钳注入探头没有方向性，在实验中线缆穿过即可，没有要求EUT必须在某一边。线缆与电流钳之间的耦合是感性耦合。为了使电流钳和电缆之间的电容耦合最小，试验时应将电缆放在电流钳的中心位置。

（4）试验注入方法选择原则

1）概述

根据电缆的类型和数目选择耦合/去耦装置，应考虑典型安装条件的物理结构，例如，最长电缆的大概长度。

对于所有试验，EUT 与 AE 之间的电缆的总长度（包括使用的所有 CDN 以内的走线）不应超过 EUT 制造商所规定的最大长度。

2）注入法

选择注入法的规则如图 3-61 所示。

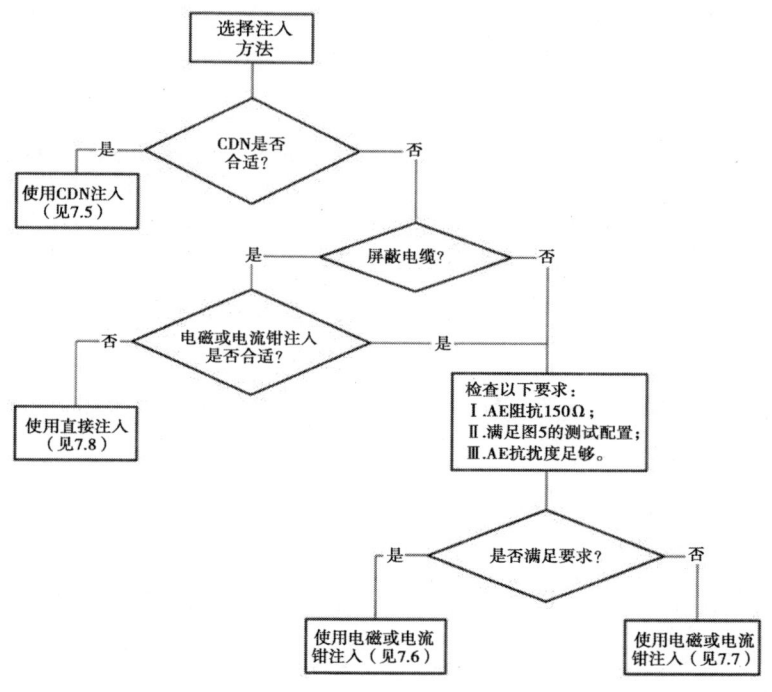

图 3-61 选择注入法的规则图

（5）试验步骤

对于来自试验布置的辐射应符合当地有关的无线电法规。当辐射能量超过允许的电平时，应使用屏蔽室进行试验。

注1：通常，传导抗扰度试验可不在屏蔽室内进行。这是由于骚扰电平和试验配置的几何尺寸不可能辐射太高能量，尤其在低频段。

依次将试验信号发生器连接到每个耦合装置上（CDN、电磁钳、电流钳）进行试验。其他所有非被测电缆应断开（当功能允许）或使用去耦网络或未端接的 CDN。

在试验信号发生器的输出端可能需要一个低通滤波器和/或高通滤波

器（例如，100kHz 截止频率），以防止（高次或亚）谐波干扰 EUT。低通滤波器的带阻特性对谐波有足够的抑制作用，应使它们不影响试验结果。这些滤波器应在调整试验电平前插入试验信号发生器之后。

扫频范围 150kHz~80MHz，使用调整程序中确定的信号电平，骚扰信号是 1kHz 正弦波调幅（调制度 80%）信号，如果必须刻意暂停试验，应调整射频信号电平或改变耦合装置。扫频时，频率步进不应超过 1%。在每个频率，幅度调制载波的驻留时间应不低于 EUT 运行和响应的必要时间，且最低不应低于 0.5s。除步进扫频外，也应分析敏感频率（例如时钟频率、制造商指定的频率或由试验获得的频点）。

注 2：由于在频率步进时，EUT 可能会受到瞬态干扰，应制定相应的规定避免这样的干扰。例如，频率变化前，信号强度可以比试验电平低几个 dB。

在试验过程中，应尝试充分运行 EUT，应充分了解所有运行模式并选出最敏感的模式。

建议使用专用的运行程序。

应按照试验计划进行试验。

可以进行一些研究性的试验，以确立试验计划中的某些方面。

十二、工频磁场抗扰度试验

本节以标准 GB/T 17626.8—2006/IEC 61000-4-8：2001 为依据，介绍工频磁场抗扰度的试验原理、试验方法等内容。

1. 工频磁场

工频磁场是由导体中的工频电流产生的，其他装置如变压器的漏磁通也可以产生工频磁场。严格来说，工频电流的周边都会产生工频磁场，只是强弱不同而已。

2. 工频磁场试验原理

工频磁场试验发生器原理见图 3-62。

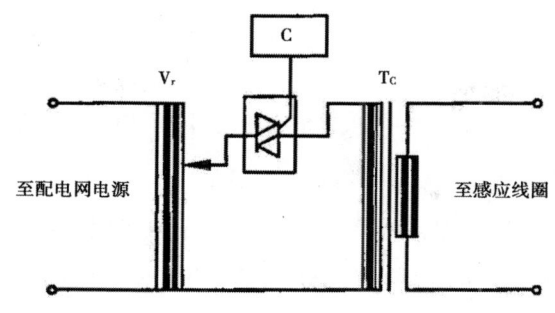

V_r—调压器； C—控制回路； T_C—变流器。

图 3-62 工频磁场试验发生器原理

在通有电流的导体周围存在着磁场，该磁场中任意一点的磁场强度与导体中的电流及该点与导体的相对距离有关。磁场强度用 A/m 表示，1A/m 相当于自由空间的磁场感应强度为 $1.25\mu T$。

为了检验设备对工频磁场的抗干扰能力，使用大小合适可以流过较大电流的线圈，以纯净工频正弦波恒流源提供不同大小的工频电流，使线圈内部产生不同等级的工频磁场，让 EUT 摆放在线圈内部的一定区域接受"浸入式工频磁场照射"（见图 3-63）。为了对于 EUT 不同方位进行考核，可以变换 EUT 或者线圈摆放面。为了实现试验的可复现和各机构试验结果的可比较，使用统一规范的试验场地、测试设备、辅助设备要求及试验条件和方法。

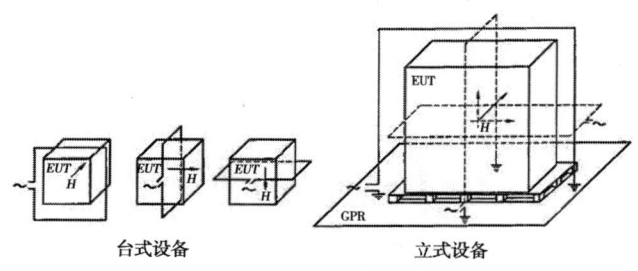

图 3-63 用浸入式进行工频磁场试验

3. 测试场地条件

（1）测试场地

实验室的电磁环境应保证受试设备的正确运行，不应影响试验结果，同时，该环境应该与周边敏感设备或者敏感区域具有足够间隔或者隔离。

确保试验本身不影响周边敏感设备或者敏感区域。

（2）试验台

测试桌（木制）：针对 EUT 应足够大，桌面实际尺寸取决于 EUT 的水平尺寸，高度为 0.8m。

接地参考平面是一种最小厚度为 0.25mm 的铜或铝的金属薄板，其他金属材料虽可使用但至少要有 0.65mm 的厚度。接地参考平面的最小尺寸为 0.8m×1m。其实际尺寸取决于受试设备的尺寸。接地参考平面的各边至少应比受试设备超出 0.1m，并将它与保护接地系统相连。

（3）气候条件

试验应按照 IEC 60068-1 的标准气候条件进行：

——温度：15~35℃；

——相对湿度：25%~75%；

——大气压力：86~106kPa。

注：其他的取值可以在产品规范中给出。

4．试验布置

（1）试验布置的例子

图 3-64 为台式设备试验布置示意图，图 3-65 为立式设备试验布置示意图。

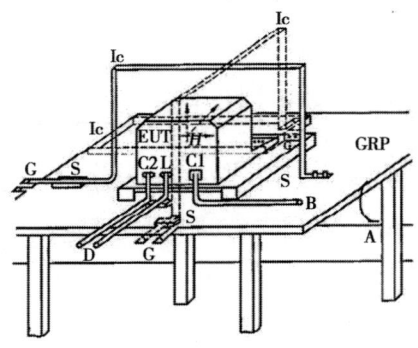

GPR—接地平面；C1—供电回路；A—安全接地；C2—信号回路；S—绝缘支座；L—通信红路；
EUT—受试设备；B—至电源；Ic—感应线圈；D—至信号源，模拟器；G—至试验发生器。

图 3-64　台式设备的试验布置

第三章 电磁兼容测量

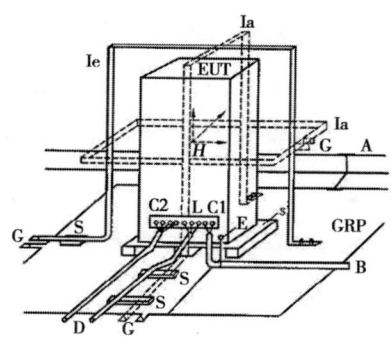

GPR—接地平面；C1—供电回路；A—安全接地；C2—信号回路；S—绝缘支座；L—通信红路；
EUT—受试设备；B—至电源；K—感应线圈；D—至信号源，模拟器；E—接地端子；C—至试验发生器

图 3-65 立式设备的试验布置

（2）受试设备

受试设备的布置和连接要满足其功能要求。设备应放在接地参考平面（GRP）上，两者之间有 0.1m 厚的绝缘（如干木块）支撑。

如果适用，设备外壳应经 EUT 的接地端子直接与 GRP 上的安全接地连接。

供电、输入和输出回路应与电源、控制和信号源连接。

应使用由设备制造商提供或推荐的电缆。若没有推荐，应采用一种适合于受试设备信号的无屏蔽电缆。所有电缆应有 1m 的长度暴露于磁场中。

如果有防逆滤波器，它应接在离 EUT 有 1m 电缆长度处，并与接地平面连接。

通信线（数据线）应使用技术规范或标准中规定的电缆连接到 EUT。

（3）试验发生器

试验发生器应放在距感应线圈不超过 3m 远处。发生器一端应与 GRP 连接。

（4）感应线圈

感应线圈应围住放在其中心处的 EUT。在不同垂直方向上试验时，可选择不同尺寸的感应线圈。

在垂直位置（水平极化场）使用的感应线圈可直接与 GRP 连接（在一根垂直导体的根部），GRP 作为底边成为线圈的一部分。这时，从 EUT 到 GRP 的最短距离为 0.1m 是足够的。

感应线圈应以与规定的校准过程相同的方式与试验发生器相连。

5. 试验操作

（1）试验程序

试验程序应包括：

——实验室参考条件的校验；

——设备正确操作的预校验。

——进行试验；

——试验结果的评价。

（2）试验实施

试验应根据试验方案进行，包括对 EUT 技术规范中所规定的性能的校验。

电源、信号和其他功能电量应在其额定的范围内使用。

如果不能得到实际的操作信号，则可采用模拟信号。

应在施加试验磁场之前进行设备性能的预校验。

应采用浸入法对 EUT 施加试验磁场，其布置如图 3-63 中所规定。

试验等级不应超过产品的技术规范。

根据试验方案中确定的试验磁场的类型（稳定持续的或短时的），其强度和试验的持续时间应取决于所选的试验等级。

1）台式设备

设备应处于标准尺寸（1m×1m）的感应线圈产生的试验磁场中。随后，感应线圈应旋转 90°，以使 EUT 暴露在不同方向的试验磁场中。

2）立式设备

设备应处于规定的适当大小的感应线圈所产生的试验磁场中；试验应通过移动感应线圈来重复进行，在每个正交方向对 EUT 的整体进行试验。

试验应以线圈最短一边的 50% 为步长，沿 EUT 的侧面将线圈移动到不同的位置重复进行。

注：以线圈最短一边边长的 50% 为步长移动感应线圈，使试验磁场相互重叠。

为了使 EUT 暴露在不同方向的试验磁场中，感应线圈应旋转 90°，接着按相同的程序进行试验。

十三、电压暂降、短时中断和电压变化抗扰度试验

本节以标准 GB/T 17626.11—2008/IEC 61000-4-11：2004 为依据，介绍电压暂降、短时中断和电压变化抗扰度的试验原理、试验方法等内容。

1. 电压暂降和短时中断

电压暂降、短时中断是由电网、电力设施的故障（主要是短路，见 IEC 61000-2-8）或负荷突然出现大的变化引起的。在某些情况下会出现两次或更多次连续的暂降或中断。电压变化是由连接到电网的负荷连续变化引起的。

2. 电压暂降和短时中断抗扰度试验原理

电压暂降和短时中断抗扰度试验原理如图 3-66a）、b）所示。

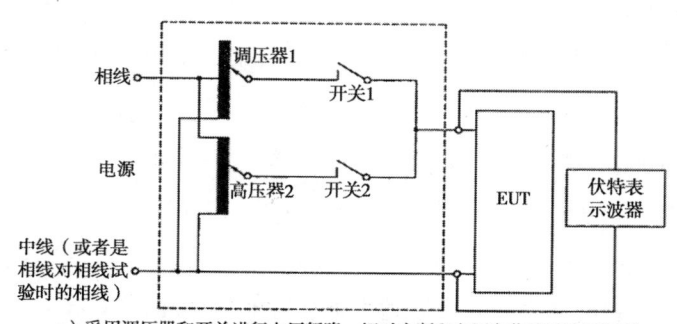

a）采用调压器和开关进行电压暂降、短时中断和电压变化的试验原理图

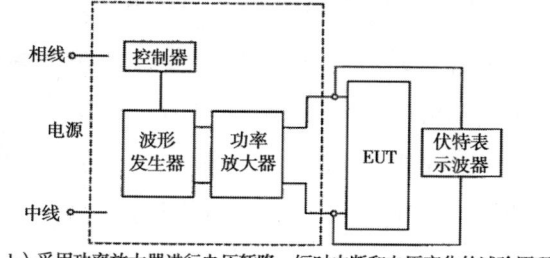

b）采用功率放大器进行电压暂降、短时中断和电压变化的试验原理图

图 3-66 a）、b）电压暂降和短时中断抗扰度试验原理

供电电源电压暂降、短时中断或电压变化本质上是随机的，为了在实

验室进行模拟,可以用额定电压的偏离值大小和持续时间长短来最低限度地表述其特征。

根据合理情况,标准 GB/T 17626.11—2008/IEC 61000-4-11:2004 定义了电压暂降、短时中断或电压变化对应的额定电压某种偏离情况下的突变时间和相应持续时间,以模拟实际这种常见的供电电源突变或者变化的情况,以标准化的试验设备输出这种电压暂降、短时中断或电压变化,观察 EUT 试验过程和试验后的效应,评价 EUT 的敏感程度。

3. 试验场地条件

(1) 试验场地

实验室的电磁环境应保证受试设备的正确运行,不应影响试验结果。同时,该环境应该与周边敏感设备或者敏感区域具有足够间隔或者隔离,确保试验本身不影响周边敏感设备或者敏感区域。

(2) 试验台

1) 测试桌(木制)

测试桌(木制)针对 EUT 应足够大,桌面实际尺寸取决于 EUT 的水平尺寸。

一般情况下,可以选择如下尺寸的绝缘试验桌:

台面大小 2.0m×1.0m 或者 1.5m×1.0m,高度为 0.8m。

2) 接地参考平面

一般不需要配备金属参考接地平面,除非 EUT 正常安装时用到金属接地平面或者产品规范专门规定需要金属参考接地平面。

如使用,接地参考平面是一种最小厚度为 0.25mm 的铜或铝的金属薄板,其他金属材料虽可使用但至少要有 0.65mm 的厚度。接地参考平面的最小尺寸为 0.8m×1m。其实际尺寸取决于受试设备的尺寸。接地参考平面的各边至少应比受试设备超出 0.1m,并将它与保护接地系统相连。

(3) 气候条件

除非产品或产品类标准委员会另有规定,实验室气候条件应符合 EUT 和测试设备各自制造商规定运行条件的要求,受试设备应在预期的气候条件下工作。

没有明确规定的情况下,建议试验在以下气候条件下进行:

温度:15~35℃;相对湿度:25%~75%;大气压力:86~106kPa。

4. 试验布置

用 EUT 制造商规定的,最短的电源电缆把 EUT 连接到试验发生器上进行试验。如果无电缆长度规定,则应是适合 EUT 所用的最短电缆。

本部分描述三类现象的试验布置:

——电压暂降;

——短时中断;

——在额定电压和变化后的电压之间平缓过渡过程的电压变化(供选择)。

试验布置示例详见标准 GB/T 17626.11—2008 的附录 C。

5. 试验操作

(1)对一个给定的 EUT,在试验开始之前,应先准备一份试验计划。

要对系统作一次正确的预估,以确认被测的哪一种系统构成是能够体现现场情况的。

在试验报告中,必须对试验的情况做解释与说明。

建议试验计划包含以下项目:

——EUT 的类型;

——有关连接(插座、端子等)和相应的电缆以及辅助设备的资料;

——EUT 的输入电源端口;

——EUT 的典型运行方式;

——技术规范中采用和定义的性能判据;

——设备的运行方式;

——试验布置的描述。

如果没有 EUT 实际运行用的信号源,则可以模拟它们。对每一项试验,应记录任何性能降低的情况,监视设备应能显示试验中和试验后 EUT 运行的状态。每组试验后,应进行一次全面的性能检查。

(2) 检查试验条件。

首先检查并且确保试验的电磁环境和气候环境在规定范围内。

试验时,监测试验的电源电压应保持在 2% 的准确度之内。

EUT 应按每一种选定的试验等级和持续时间组合,顺序进行三次电压暂降或中断试验,最小间隔 10 s(两次试验之间的间隔)均应在每个典型的工作模式下进行试验。

(3) 对于电压暂降,电源电压的变化发生在电压过零处,和由有关专业标准化技术委员会或个别产品规范中认为需要附加测试的几个角度,每相优先选择 45°、90°、135°、180°、225°、270° 和 315°。对于短时中断,由有关专业标准化技术委员会根据最坏情况来规定角度,如果没有规定,建议任选一相,在相位角为 0°时进行测试。

(4) 对于三相系统的短时中断试验,三相应同时进行试验(见图 3-67)。

对于带有一根以上电源线的 EUT,对每根电源线都应单独进行试验。

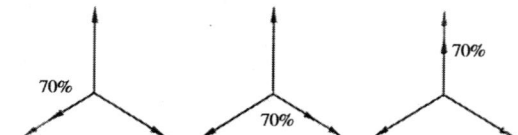

注:三相系统的相线对中线的试验,每次只对其中一相进行试验。

a) 三相系统的相线对中线试验

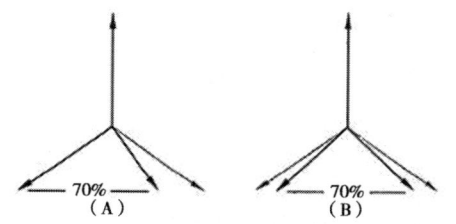

注:三相系统的相线对相线的试验,每次只对其中一相进行试验。
(A) 和 (B) 表示 70% 暂降的情况。其中 (A) 是首选,但是 (B) 也可以接受。

b) 三相系统的相线对相线试验

图 3-67 三相系统的相线对中线 a)/相线对相线 b) 试验图

(5) 电压变化(供选择)。

对 EUT 进行每一种规定的电压变化试验,应在最典型的运行方式下进行 3 次试验,其间隔为 10s。

第四章

电磁兼容测量标准

第一节　标准体系及分类

一、国际标准体系及分类

IEC/GUIDE 107：2014《电磁兼容标准起草导则》中给出了电磁兼容标准的分类。电磁兼容标准由基础标准、通用标准、产品类标准和产品标准四个层级构成。对于每一个层级的标准，从限值来看，分为发射标准和抗扰度标准两类。在通用标准的层级，从使用环境来看，又分为 A 类工业区环境和 B 类居住和商业区及轻工业区环境两类。

产品和产品类标准通常是基于基础标准和通用标准基础上的更为详尽的技术规范，往往优先于通用标准被采用。一般来说，产品和产品类标准规定得详细、明确，针对性强，操作性和符合性判定明确。基础标准和通用标准规定的原则性强，适用范围广，通用性强。

国际电磁兼容标准体系构架如图 4-1 所示。

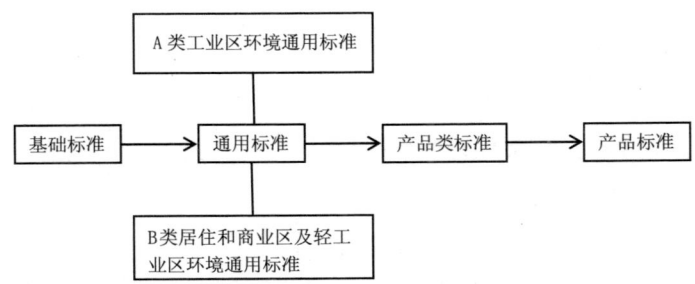

图 4-1　国际电磁兼容标准体系构架图

国际电磁兼容标准举例：

- 基础标准：CISPR 16 系列、IEC 61000-1~5 系列；
- 通用标准：IEC 61000-6-1、IEC 61000-6-2、IEC 61000-6-3、IEC 61000-6-4；

·产品类标准：CISPR 11、CISPR 13、CISPR 14 系列、CISPR15

·产品标准：IEC 62040-2（不间断电源）、IEC 62135-2-2007（电阻焊接设备）、IEC 61543 剩余电流保护器。

二、我国标准体系及分类

在我国电磁兼容标准化组织和专家的共同努力下，EMC 国家标准体系逐步完善。我国 EMC 标准基本框架与国际标准框架相类似。根据 GB/Z 18509—2016《电磁兼容电磁兼容标准起草导则》，将我国的电磁兼容标准分为四类，分类方法与国际标准基本相同。

1. **基础 EMC 标准**（basic EMC standards）

基础 EMC 标准给出了关于实现 EMC 一般的基本原理、概念、术语或技术特征，宜作为有关的标准化技术委员会的参考文件。

1）基础 EMC 标准可以是标准、技术规范或技术报告；

2）一般基础标准不是专门为特定的产品类或产品制定的；

3）基础 EMC 标准可能特别关心下列方面的问题（但不仅是这些方面）：

①术语；

②电磁现象的描述；

③兼容水平的技术要求；

④限制骚扰发射的一般要求；

⑤推荐关于设备抗扰度试验等级；

⑥测量和试验设备；

⑦测量技术、试验方法及其适用性；

⑧电磁环境的描述和分类。

4）基础标准不包括规定的限值和特定的性能判据。这些应包括在通用标准、产品类标准或产品标准中。

2. **通用 EMC 标准**（generic EMC standards）

通用 EMC 标准适用于在没有专用的产品类/产品 EMC 标准的情况下，

在特定电磁环境下工作的产品。这些标准规定了适用于该电磁环境下工作的此类产品或系统的一组基本的要求、试验程序和一般性的性能判据。产品委员会在制定特定的产品 EMC 标准以前，宜确定通用 EMC 标准所涵盖的特定电磁环境的试验、试验等级和性能判据是否适用其产品。

1）通用 EMC 标准不包括详细的测量和试验方法等，但这些部分要参考基础 EMC 标准；

2）通用 EMC 标准提供的有关发射和抗扰度的要求和试验，可能存在于一些单独的文件中；

3）通用 EMC 标准规定了数量有限的发射试验和抗扰度试验，最大的发射水平以及最小的抗扰度试验水平，以便达到最佳的技术/经济性。

3. **产品类 EMC 标准**（product family EMC standards）

（1）概述

对 EMC 来说，产品类是可以采用相同标准的一组类似的产品。

产品类 EMC 标准规定了特定的发射和抗扰度要求，以及特定产品类专用的测量和试验程序。产品类 EMC 标准应指出有关的安装和运行条件。他们也基于设备的用途给出准确的性能判据。

建议产品委员会就其关心的电磁环境参考相关通用 EMC 标准，并考虑这些试验方法及试验等级是否符合其目的；如果符合，则宜引用合适的通用 EMC 标准。在制定/维护或修订一项产品类 EMC 标准时，产品委员会宜尽可能使用基础 EMC 标准。

1）产品类 EMC 标准既可采用单独标准的形式，也可在一个综合性产品类标准中采用专用条款的形式，但是推荐采用单独标准的形式；

2）产品类 EMC 标准应参考基础 EMC 标准中详细的测量和试验方法、试验布置等内容；

3）产品类 EMC 标准不宜偏离基础 EMC 标准；在例外情况下偏离基础 EMC 标准时，应在产品标准中说明理由。

（2）产品类 EMC 标准的例子

以下列出一些 EMC 方面的主要产品类（但不仅是这些）：

1) 多媒体设备，包括：

——声音和电视广播接收机及相关设备；

——信息技术设备（ITE）；

——电信设备（限对应 IEC 归口范围内）；

——电力线通信（PLT）终端设备。

2) 家用和商用设备（除了 ITE 之外）；

3) 工业-过程测量和控制设备（除了 ITE 之外）；

4) 牵引和运输设备；

5) 公用事业设备（电、煤气、水等）；

6) 医疗设备；

7) 测量和试验设备；

8) 连接到高压、中压和低压公用供电系统的设备。

4. 产品 EMC 标准（product EMC standards）

与特定类型产品有关的产品 EMC 标准，宜考虑与之有关的特殊条件。它们采用和产品类 EMC 标准相同的规则。

5. 关于不同类型 EMC 标准的应用说明

宜注意 4 种不同类型的标准之间应用时的一些差别：

1) 基础 EMC 标准是与一般信息、骚扰现象以及测量或试验技术有关的；

2) 通用 EMC 标准指定了骚扰现象和测试的数量，适用于在给定电磁环境中工作的产品。通用 EMC 标准可应用于：

①工作在给定电磁环境中，且没有专用的 EMC 标准的产品；

②负有责任的有关的标准化技术委员会认为通用 EMC 标准充分满足其产品要求的产品类和产品。

在确定适当的现象、试验等级和性能判据时，产品类/产品 EMC 标准应考虑其相应的电磁环境和安装条件。在选择试验、试验等级和性能判据时，也可以通过考虑相关的通用 EMC 标准。如果一个产品类/产品的 EMC 标准为某一现象规定的试验值不够严格，或如果只能部分覆盖（例如，产品类/产品的 EMC 标准仅覆盖参考频率范围的一部分），则应在产品类/产品 EMC 标准中给出合理理由，或者引用其他 EMC 标准中的相关要求。由于一个产品类/产品的 EMC 标准通常给出了更具体的要求，一般认为，它优先于相应的通用 EMC 标准。

6. 标准代号分类

我国电磁兼容标准代号分为三类：

（1）GB——强制性国家标准，必须执行，不符合强制性标准的产品，禁止生产、销售和进口。

（2）GB/T——推荐性国家标准，国家鼓励企业自愿采用。但推荐性国标一经企业接受并采用，或各方同意纳入经济合同中，就成为各方必须共同遵守的技术依据，或由企业自我声明符合某推荐性标准时（如在产品包装、说明书上明示），具有法律上的约束性。

（3）GB/Z——指导性国家标准。指导性国标是指生产、交换、使用等方面，由组织（企业）自愿采用的国家标准，不具有强制性，也不具有法律上的约束性，只是相关方约定参照的技术依照，起指导和规范某项活动的作用。

第二节　国际标准

世界上很多机构和组织都对电磁兼容问题开展了研究，最为常用的标准多数来自 IEC 下设的国际无线电干扰特别委员会（CISPR）和第 77 技术委员会（TC 77）。这两个组织的出版物已被包括中国在内的全球多个国家和地区采用，它们在消除国际技术贸易壁垒和产品符合性认证中发挥着重要的作用。

一、CISPR 制定的国际标准

CISPR 成立于 1934 年 6 月，旨在保护无线电业务和应用以使其免受电磁干扰，致力于促使达成无线电干扰方面的国际协议，促进国际贸易。

CISPR 目前设有 A、B、D、F、H、I 六个分会，其职责分工如下：

1. CISPR

国际无线电干扰特别委员会。其任务主要是保护 9 kHz ~ 400 GHz 范围内的无线电接收免受电磁环境中电气或电子设备和系统运行造成的干扰，用于骚扰测量的测量仪器、设施、方法和统计分析，由电气或电子设备和系统引起的无线电骚扰的限值，提出对电器、多媒体设备、信息技术设备和声音和电视广播接收设备的抗干扰要求。

2. CISPR/A

无线电干扰测量和统计方法。其任务主要是从事测量仪器、辅助设备和测试场地、测量方法的共性应用，符合性测试中的不确定度等内容的标准化。包括维护 CISPR 16 系列和 CISPR 17 等标准。

3. CISPR/B

工业、科学、医疗射频设备、重工业设备、架空电力线、高压设备和电力牵引系统的无线电干扰。其任务主要是控制工业、科学、医疗射频设备的射频骚扰限值和特殊测量方法的标准化。包括维护 CISPR 11 和 CISPR 18 等标准。

4. CISPR/D

机动车、内燃机驱动装置的电气电子设备的电磁骚扰。其任务主要是控制内燃机、电动机或其组合动力的自行式设备、内燃机设备的射频骚扰限值和测量方法的标准化。维护 CISPR 12 和 CISPR 25 等标准。

第四章 电磁兼容测量标准

5. CISPR/F

家用电器、电动工具、照明设备及类似设备的干扰。其任务主要是控制电动和电热家用，以及类似用途电器、电动工具、照明设备、低功率半导体控制设备，以及类似设备的射频骚扰、抗扰度限值和特殊测量方法的标准化。包括维护 CISPR 14 系列和 CISPR 15 等标准。

6. CISPR/H

无线电业务保护的限值。其任务主要是用于评估和控制在给定电磁环境中操作和使用的任何类型电气或电子设备射频骚扰的通用限值和测量方法的标准化，并将这些要求纳入相应的 CISPR 通用发射标准、无线电业务特性数据库的维护。包括维护 IEC 61000-6-4 和 IEC 61000-6-3 等标准。

7. CISPR/I

信息技术设备、多媒体设备和接收机的电磁兼容。其任务主要是控制多媒体设备（包括信息技术设备、无线电和电视广播接收机及相关设备）射频骚扰、抗扰度限值和特殊测量方法的标准化。包括维护 CISPR 13、CISPR 20、CISPR 22、CISPR 24 等标准。

截至 2019 年 8 月，由 CISPR 及其各分会制定的出版物共计 97 个，其中包括了基础标准、通用标准和产品类标准。

二、TC 77 制定的国际标准

TC 77 成立于 1973 年 6 月，旨在制定电磁兼容（EMC）基本文件即 IEC 61000 系列出版物，涉及电磁环境、发射、抗扰度、试验程序和测量技术等规范，特别是处理与电力网络、控制网络以及与其相连设备等的 EMC 问题。

TC 77 目前设有 A、B、C 三个分会，其职责分工如下：

1. TC 77：电磁兼容

其任务主要是从事在整个频率范围内的抗扰度基本和通用标准，低频范围（f≤9kHz）内的发射基本、通用、产品类标准。包括维护 IEC 61000-6-1 和 IEC 61000-6-2 等标准。

2. SC 77A：低频现象

其任务主要是在电磁兼容领域内从事低频现象（≤9kHz）的标准化，包括维护 IEC 61000-3-2、IEC 61000-3-3 等标准。

3. SC 77B：高频现象

其任务主要是在电磁兼容领域内从事连续的或瞬态的高频现象（>9kHz）的标准化，包括维护 IEC 61000-4-2、IEC 61000-4-3、IEC 61000-4-4、IEC 61000-4-5、IEC 61000-4-6、IEC 61000-4-11 等标准。

4. SC 77C：大功率暂态现象

其任务主要是在电磁兼容领域内从事保护设备、系统和装置免受强烈但不常见的高功率瞬态现象影响的标准化，包括高空核爆炸产生的电磁场[高海拔电磁脉冲（HEMP）]、有意电磁干扰源（EMI）、来自太阳活动的地磁感应电流（GIC）。闪电和其他瞬态现象不在 SC 77C 的范围内。维护 IEC 61000-4-23、IEC 61000-4-24、IEC 61000-4-25 等标准。

截至 2019 年 8 月，由 TC77 及其各分会制定的出版物共计 155 个，其中包括了基础标准和通用标准。IEC 61000 系列标准共分为 6 大部分：第 1 部分总则、第 2 部分环境、第 3 部分限值、第 4 部分试验与测量技术、第 5 部分安装和减缓导则、第 6 部分通用标准。TC77 及各分会围绕这些方面均制定了各自的标准。

三、CISPR 与 TC77 的工作差异

CISPR 与 TC77 的分工基于以下两个基本原则：

1）CISPR 主要负责频率高于 9kHz 的产品类发射标准，低于 9kHz 的发射主要由 TC 77 负责；确定限值时，CISPR 和 TC 77 要考虑产品类的特性或安装环境，IEC 产品委员会以这些限值为依据制定产品的发射标准，

当需要澄清一些问题时，向 TC 77 和 CISPR 咨询。

2）关于产品的抗扰度标准由有关的产品委员会负责，TC 77 负责制定基础抗扰度标准，CISPR 也负责制定一些产品类的抗扰度标准。

四、欧洲电磁兼容标准

欧洲电工标准化委员会（CENELEC）是欧洲地区从事电工标准化的重要组织，负责协调各成员国在电气领域（包括电磁兼容）的所有标准。欧洲的电磁兼容标准基本与 IEC 标准等同，标准编号相对应，例如 EN 6XXXX 对应于 IEC 6XXXX，EN 550XX 对应于 CISPR XX。

第三节 国家标准

一、标准化组织

我国专门负责制定电磁兼容国家标准的标准化技术委员会有两个，即全国无线电干扰标准化技术委员会（SAC/TC 79）和全国电磁兼容标准化技术委员会（SAC/TC 246），其工作范围对应国际上的 IEC/CISPR 和 IEC/TC 77 组织。

全国无线电干扰标准化技术委员会（SAC/TC 79）成立于1986年8月，主要任务是发展我国无线电干扰标准化体系表，组织制定、修订和审查国家标准，开展与 IEC/CISPR 相对应的工作，目前下设 6 个分委员会 SC1、SC2、SC4、SC6、SC7、SC8，分别对应 A、B、D、F、I、H 分会（见表4-1）。全国无线电干扰标准化技术委员会均与 CISPR 的各分会相对应，包括工作范围。

表4-1 全国无线电干扰标准化技术委员会及其各分会的秘书处挂靠单位

委员会（分会）	委员会（分会）代号	秘书处挂靠单位
全国无线电干扰标准化技术委员会	TC 79	上海电器科学研究院
全国无线电干扰标准化技术委员会无线电干扰方法和统计方法分技术委员会	TC 79/SC1	中国电子技术标准化研究院
全国无线电干扰标准化技术委员会工业、科学和医疗射频设备分技术委员会	TC 79/SC2	上海电器科学研究院
全国无线电干扰标准化技术委员会机动车辆和内燃机无线电干扰分技术委员会	TC 79/SC4	中国汽车技术研究中心
全国无线电干扰标准化技术委员会家用电器、电动工具、照明设备和电气玩具的电磁兼容分技术委员会	TC 79/SC6	中国电器科学研究院股份有限公司
全国无线电干扰标准化技术委员会信息技术设备、多媒体设备和接收机的电磁兼容分技术委员会	TC 79/SC7	工业和信息化部电子工业标准化研究所
全国无线电干扰标准化技术委员会无线电业务保护分技术委员会	TC 79/SC8	国家无线电监测中心

全国电磁兼容标准化技术委员会（SAC/TC 246）成立于2000年4月，主要负责协调IEC/TC 77的国内归口工作；推进对应IEC 61000系列有关EMC标准的国家标准制、修订工作；并对EMC需制定的政策、法规、标准化工作及组织建设提出建议。目前下设3个分委员会，详见表4-2。全国无线电干扰标准化技术委员会均与TC77的各分会相对应，包括工作范围。

表4-2 全国无线电干扰标准化技术委员会及其各分会的秘书处挂靠单位

委员会（分会）	委员会（分会）代号	秘书处挂靠单位
全国电磁兼容标准化技术委员会	TC 246	中国电力科学研究院
高频现象	TC 246/SC1	上海市计量测试技术研究院
低频现象	TC 246/SC2	中国电力科学研究院
大功率暂态现象	TC 246/SC3	中国电力科学研究院

二、EMC 国家标准清单

表 4-3 TC 79 已发布的电磁兼容国家标准一览表（截至 2019 年 7 月底）

序号	标准号	中文标准名称	对应国际标准号	对等关系
1	GB 14023—2011	车辆、船和内燃机 无线电骚扰特性 用于保护车外接收机的限值和测量方法	IEC/CISPR 12：2009	等同
2	GB 17799.3—2012	电磁兼容 通用标准 居住、商业和轻工业环境中的发射	IEC 61000-6-3：2011（Ed 2.1）	等同
3	GB 17799.4—2012	电磁兼容 通用标准 工业环境中的发射	IEC 61000-6-4：2011	等同
4	GB 4343.1—2009	家用电器、电动工具和类似器具的电磁兼容要求 第1部分：发射	IEC/CISPR 14-1：2005	等同
5	GB 4343.1—2018	家用电器、电动工具和类似器具的电磁兼容要求 第1部分：发射	CISPR 14-1：2011	等同
6	GB 4824—2013	工业、科学和医疗（ISM）射频设备 骚扰特性 限值和测量方法	IEC/CISPR 11：2010	等同
7	GB/T 12190—2006	电磁屏蔽室屏蔽效能的测量方法	/	
8	GB/T 13615—2009	地球站电磁环境保护要求	/	
9	GB/T 13616—2009	数字微波接力站电磁环境保护要求	/	
10	GB/T 13619—2009	数字微波接力通信系统干扰计算方法	/	
11	GB/T 13620—2009	卫星通信地球站与地面微波站之间协调区的确定和干扰计算方法	/	

续 表

序号	标准号	中文标准名称	对应国际标准号	对等关系
12	GB/T 13837—2012	声音和电视广播接收机及有关设备 无线电骚扰特性 限值和测量方法	IEC/CISPR 13：2009	修改
13	GB/T 15152—2006	脉冲噪声干扰引起移动通信性能降级的评定方法	IEC/CISPR 21：1999	非等效
14	GB/T 15540—2006	陆地移动通信设备电磁兼容技术要求和测量方法	/	
15	GB/T 15707—2017	高压交流架空输电线路无线电干扰限值	/	
16	GB/T 15708—1995	交流电气化铁道电力机车运行产生的无线电辐射干扰的测量方法	CISPR 18.16	非等效
17	GB/T 15709—1995	交流电气化铁道接触网无线电辐射干扰测量方法	/	
18	GB/T 17618—2015	信息技术设备 抗扰度 限值和测量方法	CISPR 24：2010	等同
19	GB/T 17619—1998	机动车电子电器组件的电磁辐射抗扰性限值和测量方法	95/94/EC	非等效
20	GB/T 17626.22—2017	电磁兼容 试验和测量技术 全电波暗室中的辐射发射和抗扰度测量	IEC 61000-4-22：2010	等同
21	GB/T 17743—2017	电气照明和类似设备的无线电骚扰特性的限值和测量方法	CISPR 15：2015	等同
22	GB/T 18655—2018	车辆、船和内燃机 无线电骚扰特性 用于保护车载接收机的限值和测量方法	IEC/CISPR 25：2016	等同
23	GB/T 19954.1—2016	电磁兼容 专业用途的音频、视频、音视频和娱乐场所灯光控制设备的产品类标准 第1部分：发射	/	

续 表

序号	标准号	中文标准名称	对应国际标准号	对等关系
24	GB/T 19954.2—2016	电磁兼容 专业用途的音频、视频、音视频和娱乐场所灯光控制设备的产品类标准 第2部分：抗扰度	/	
25	GB/T 20549—2006	移动通信直放机电磁兼容技术指标和测试方法	/	
26	GB/T 22148.1—2014	电磁发射的试验方法 第1部分：单端和双端荧光灯用电子控制装置	CISPR/TR 30-1：2012	等同
27	GB/T 22148.2—2014	电磁发射的试验方法 第2部分：放电灯（荧光灯除外）用电子控制装置	CISPR/TR 30-2：2012	等同
28	GB/T 25003—2010	VHF/UHF频段无线电监测站电磁环境保护要求和测试方法	/	
29	GB/T 34579—2017	等离子显示设备 150kHz~30MHz 辐射骚扰限值和测量方法	IEC PAS 62825—2013	修改
30	GB/T 35033—2018	30MHz~1GHz 电磁屏蔽材料导电性能和金属材料搭接阻抗测量方法	/	
31	GB/T 36275—2018	专用数字对讲设备电磁兼容限值和测量方法	/	
32	GB/T 37130—2018	车辆电磁场相对于人体曝露的测量方法	/	
33	GB/T 37132—2018	无线充电设备的电磁兼容性通用要求和测试方法	/	
34	GB/T 37139—2018	直流供电设备的EMC测量方法要求	/	

续 表

序号	标准号	中文标准名称	对应国际标准号	对等关系
35	GB/T 4343.2—2009	家用电器、电动工具和类似器具的电磁兼容要求 第2部分：抗扰度	IEC/CISPR 14-2：2008	等同
36	GB/T 4365—2003	电工术语 电磁兼容	IEC 60050（161）：1990	等同
37	GB/T 6113.101—2016	无线电骚扰和抗扰度测量设备和测量方法规范 第1-1部分：无线电骚扰和抗扰度测量设备 测量设备	CISPR 16-1-1：2010	等同
38	GB/T 6113.102—2018	无线电骚扰和抗扰度测量设备和测量方法规范 第1-2部分：无线电骚扰和抗扰度测量设备 传导骚扰测量的耦合装置	CISPR 16-1-2：2014	等同
39	GB/T 6113.103—2008	无线电骚扰和抗扰度测量设备和测量方法规范 第1-3部分：无线电骚扰和抗扰度测量设备 辅助设备 骚扰功率	CISPR 16-1-3：2004	等同
40	GB/T 6113.104—2016	无线电骚扰和抗扰度测量设备和测量方法规范 第1-4部分：无线电骚扰和抗扰度测量设备 辐射骚扰测量用天线和试验场地	CISPR 16-1-4：2012	等同
41	GB/T 6113.105—2018	无线电骚扰和抗扰度测量设备和测量方法规范 第1-5部分：无线电骚扰和抗扰度测量设备 5MHz~18GHz天线校准场地和参考试验场地	IEC/CISPR 16-1-5：2014	等同

第四章 电磁兼容测量标准

续 表

序号	标准号	中文标准名称	对应国际标准号	对等关系
42	GB/T 6113.106—2018	无线电骚扰和抗扰度测量设备和测量方法规范 第1-6部分：无线电骚扰和抗扰度测量设备 EMC 天线校准	IEC/CISPR16-1-6：2014	等同
43	GB/T 6113.201—2018	无线电骚扰和抗扰度测量设备和测量方法规范 第2-1部分：无线电骚扰和抗扰度测量方法 传导骚扰测量	IEC/CISPR 16-2-1：2014	等同
44	GB/T 6113.202—2018	无线电骚扰和抗扰度测量设备和测量方法规范 第2-2部分：无线电骚扰和抗扰度测量方法 骚扰功率测量	CISPR 16-2-2：2010	等同
45	GB/T 6113.203—2016	无线电骚扰和抗扰度测量设备和测量方法规范 第2-3部分：无线电骚扰和抗扰度测量方法 辐射骚扰测量	CISPR 16-2-3：2010	等同
46	GB/T 6113.204—2008	无线电骚扰和抗扰度测量设备和测量方法规范 第2-4部分：无线电骚扰和抗扰度测量方法 抗扰度测量	CISPR 16-2-4：2003	等同
47	GB/T 6113.402—2018	无线电骚扰和抗扰度测量设备和测量方法规范 第4-2部分：不确定度、统计学和限值建模 测量设备和设施的不确定度	CISPR 16-4-2：2014	等同
48	GB/T 7343—2017	无源 EMC 滤波器件抑制特性的测量方法	IEC/CISPR 17：2011	等同
49	GB/T 7349—2002	高压架空送电线、变电站无线电干扰测量方法	/	

续 表

序号	标准号	中文标准名称	对应国际标准号	对等关系
50	GB/T 9254—2008	信息技术设备的无线电骚扰限值和测量方法	CISPR 22：2006	等同
51	GB/T 9383—2008	声音和电视广播接收机及有关设备抗扰度 限值和测量方法	IEC/CISPR 20 Ed.6.0：2006	修改
52	GB/Z 19511—2004	工业、科学和医疗设备（ISM）国际电信联盟（ITU）指定频段内的辐射电平指南	CISPR 28：1997	等同
53	GB/Z 35733—2017	对构成及接入智能电网设备的电磁兼容要求导则	/	
54	GB/Z 37150—2018	电磁兼容可靠性风险评估导则	/	
55	GB/Z 37627.1—2019	架空电力线路和高压设备的无线电干扰特性 第1部分：现象描述	CISPR/TR 18-1：2010	修改
56	GB/Z 37627.3—2019	架空电力线路和高压设备的无线电干扰特性 第3部分：减少无线电噪声至最小程度的实施规程	CISPR/TR 18-3：2010	等同
57	GB/Z 6113.205—2013	无线电骚扰和抗扰度测量设备和测量方法规范 第2-5部分：大型设备骚扰发射现场测量	IEC/CISPR/TR 16-2-5：2008	等同
58	GB/Z 6113.3—2006	无线电骚扰和抗扰度测量设备和测量方法规范 第3部分 无线电骚扰和抗扰度测量 技术报告	CISPR 16-3：2003	等同

续 表

序号	标准号	中文标准名称	对应国际标准号	对等关系
59	GB/Z 6113.401—2018	无线电骚扰和抗扰度测量设备和测量方法规范 第4-1部分：不确定度、统计学和限值建模 标准化EMC试验的不确定度	CISPR/TR 16-4-1：2009	等同
60	GB/Z 6113.403—2007	无线电骚扰和抗扰度测量设备和测量方法规范 第4-3部分：不确定度、统计学和限值建模 批量产品的EMC符合性确定的统计考虑	CISPR 16-4-3/TR：2004	等同
61	GB/Z 6113.404—2007	无线电骚扰和抗扰度测量设备和测量方法规范 第4-4部分：不确定度、统计学和限值建模 抱怨的统计和限值的计算模型	CISPR 16-4-4/TR：2003	等同
62	GB/Z 6113.405—2010	无线电骚扰和抗扰度测量设备和测量方法规范 第4-5部分：不确定度、统计学和限值建模 替换试验方法的使用条件	CISPR 16-4-5/TR：2006	等同

表4-4 TC 246已发布的电磁兼容国家标准一览表（截至2019年7月底）

序号	标准号	中文标准名称	对应国际标准号	对等关系
1	GB 17625.1—2012	电磁兼容 限值 谐波电流发射限值（设备每相输入电流≤16A）	IEC 61000-3-2：2009+Cor.1（第3.2版）	等同
2	GB/T 17624.1—1998	电磁兼容 综述 电磁兼容基本术语和定义的应用与解释	IEC 61000-1-1：1992	等同
3	GB/T 17625.2—2007	电磁兼容 限值 对每相额定电流≤16A且无条件接入的设备在公用低压供电系统中产生的电压变化、电压波动和闪烁的限制	IEC 61000-3-3：2005	等同

续 表

序号	标准号	中文标准名称	对应国际标准号	对等关系
4	GB/T 17625.7—2013	电磁兼容 限值 对额定电流≤75A 且有条件接入的设备在公用低压供电系统中产生的电压变化、电压波动和闪烁的限制	IEC 61000-3-11：2000	等同
5	GB/T 17625.8—2015	电磁兼容 限值 每相输入电流大于16A 小于等于75A 连接到公用低压系统的设备产生的谐波电流限值	IEC 61000-3-12：2004	等同
6	GB/T 17625.9—2016	电磁兼容 限值 低压电气设施上的信号传输 发射电平、频段和电磁骚扰电平	IEC 61000-3-8：1997	修改
7	GB/T 17626.10—2017	电磁兼容 试验和测量技术 阻尼振荡磁场抗扰度试验	IEC 61000-4-10：2001	等同
8	GB/T 17626.11—2008	电磁兼容 试验和测量技术 电压暂降、短时中断和电压变化的抗扰度试验	IEC 61000-4-11：2004	等同
9	GB/T 17626.1—2006	电磁兼容 试验和测量技术 抗扰度试验总论	IEC 61000-4-1：2000	等同
10	GB/T 17626.12—2013	电磁兼容 试验和测量技术 振铃波抗扰度试验	IEC 61000-4-12：2006	等同
11	GB/T 17626.13—2006	电磁兼容 试验和测量技术 交流电源端口谐波、谐间波及电网信号的低频抗扰度试验	IEC 61000-4-13：2002	等同
12	GB/T 17626.14—2005	电磁兼容 试验和测量技术 电压波动抗扰度试验	IEC 61000-4-14：2002	等同
13	GB/T 17626.15—2011	电磁兼容 试验和测量技术 闪烁仪 功能和设计规范	IEC 61000-4-15：1997＋A1：2003（第1.1版）	等同
14	GB/T 17626.16—2007	电磁兼容 试验和测量技术 0Hz～150kHz 共模传导骚扰抗扰度试验	IEC 61000-4-16：2002	等同

第四章
电磁兼容测量标准

续 表

序号	标准号	中文标准名称	对应国际标准号	对等关系
15	GB/T 17626.17—2005	电磁兼容 试验和测量技术 直流电源输入端口纹波抗扰度试验	IEC 61000-4-17：2002	等同
16	GB/T 17626.18—2016	电磁兼容 试验和测量技术 阻尼振荡波抗扰度试验	IEC 61000-4-18：2011	等同
17	GB/T 17626.20—2014	电磁兼容 试验和测量技术 横电磁波（TEM）波导中的发射和抗扰度试验	IEC 61000-4-20：2010	等同
18	GB/T 17626.21—2014	电磁兼容 试验和测量技术 混波室试验方法	IEC 61000-4-21：2011	等同
19	GB/T 17626.2—2018	电磁兼容 试验和测量技术 静电放电抗扰度试验	IEC 61000-4-2：2008	等同
20	GB/T 17626.24—2012	电磁兼容 试验和测量技术 HEMP传导骚扰保护装置的试验方法	IEC 61000-4-24：1997	等同
21	GB/T 17626.27—2006	电磁兼容 试验和测量技术 三相电压不平衡抗扰度试验	IEC 61000-4-27：2000	等同
22	GB/T 17626.28—2006	电磁兼容 试验和测量技术 工频频率变化抗扰度试验	IEC 61000-4-28：2001	等同
23	GB/T 17626.29—2006	电磁兼容 试验和测量技术 直流电源输入端口电压暂降、短时中断和电压变化的抗扰度试验	IEC 61000-4-29：2000	等同
24	GB/T 17626.30—2012	电磁兼容 试验和测量技术 电能质量测量方法	IEC 61000-4-30：2008（Ed 2.0）	等同
25	GB/T 17626.3—2016	电磁兼容 试验和测量技术 射频电磁场辐射抗扰度试验	IEC 61000-4-3：2010	等同
26	GB/T 17626.34—2012	电磁兼容 试验和测量技术 主电源每相电流大于16A的设备的电压暂降、短时中断和电压变化抗扰度试验	IEC 61000-4-34：2009	等同

续 表

序号	标准号	中文标准名称	对应国际标准号	对等关系
27	GB/T 17626.4—2018	电磁兼容 试验和测量技术 电快速瞬变脉冲群抗扰度试验	IEC 61000-4-4：2012	等同
28	GB/T 17626.5—2008	电磁兼容 试验和测量技术 浪涌（冲击）抗扰度试验	IEC 61000-4-5：2005	等同
29	GB/T 17626.5—2019	电磁兼容 试验和测量技术 浪涌（冲击）抗扰度试验		等同
30	GB/T 17626.6—2017	电磁兼容 试验和测量技术 射频场感应的传导骚扰抗扰度	IEC 61000-4-6：2013	等同
31	GB/T 17626.7—2017	电磁兼容 试验和测量技术 供电系统及所连设备谐波、间谐波的测量和测量仪器导则	IEC 61000-4-7：2009	等同
32	GB/T 17626.8—2006	电磁兼容 试验和测量技术 工频磁场抗扰度试验	IEC 61000-4-8：2001	等同
33	GB/T 17626.9—2011	电磁兼容 试验和测量技术 脉冲磁场抗扰度试验	IEC 61000-4-9：2001	等同
34	GB/T 17799.1—2017	电磁兼容 通用标准 居住、商业和轻工业环境中的抗扰度	IEC 61000-6-1：2005	修改
35	GB/T 17799.2—2003	电磁兼容 通用标准 工业环境中的抗扰度试验	IEC 61000-6-2：1999	等同
36	GB/T 17799.5—2012	电磁兼容 通用标准 室内设备高空电磁脉冲（HEMP）抗扰度	IEC 61000-6-6：2003	等同
37	GB/T 18039.10—2018	电磁兼容 环境 HEMP 环境描述 辐射骚扰	IEC 61000-2-9：1996	等同
38	GB/T 18039.3—2017	电磁兼容 环境 公用低压供电系统低频传导骚扰及信号传输的兼容水平	IEC 61000-2-2：2002	等同
39	GB/T 18039.4—2017	电磁兼容 环境 工厂低频传导骚扰的兼容水平	IEC 61000-2-4：2002	等同
40	GB/T 18039.8—2012	电磁兼容 环境 高空核电磁脉冲（HEMP）环境描述 传导骚扰	IEC 61000-2-10：1998	等同

续 表

序号	标准号	中文标准名称	对应国际标准号	对等关系
41	GB/T 18039.9—2013	电磁兼容 环境 公用中压供电系统低频传导骚扰及信号传输的兼容水平	IEC 61000-2-12：2003	等同
42	GB/T 30556.7—2014	电磁兼容 安装和减缓导则 外壳的电磁骚扰防护等级（EM 编码）	IEC 61000-5-7：2001	等同
43	GB/T 30842—2014	高压试验室电磁屏蔽效能要求与测量方法	/	
44	GB/T 37543—2019	直流输电线路和换流站的合成场强与离子流密度的测量方法	/	
45	GB/Z 17624.2—2013	电磁兼容 综述 与电磁现象相关设备的电气和电子系统实现功能安全的方法	IEC/TS 61000-1-2：2008	等同
46	GB/Z 17624.4—2019	电磁兼容 综述 2kHz 内限制设备工频谐波电流传导发射的历史依据	IEC/TR 61000-1-4：2005	等同
47	GB/Z 17625.14—2017	电磁兼容 限值 骚扰装置接入低压电力系统的谐波、间谐波、电压波动和不平衡的发射限值评估	IEC/TR 61000-3-14：2011	等同
48	GB/Z 17625.15—2017	电磁兼容 限值 低压电网中分布式发电系统低频电磁抗扰度和发射要求的评估	IEC/TR 61000-3-15：2011	修改
49	GB/Z 17625.3—2000	电磁兼容 限值 对额定电流大于 16 A 的设备在低压供电系统中产生的电压波动和闪烁的限制	IEC 61000-3-5：1994	等同
50	GB/Z 17625.4—2000	电磁兼容 限值 中、高压电力系统中畸变负荷发射限值的评估	IEC 61000-3-6：1996	等同
51	GB/Z 17625.5—2000	电磁兼容 限值 中、高压电力系统中波动负荷发射限值的评估	IEC 61000-3-7：1996	等同

续 表

序号	标准号	中文标准名称	对应国际标准号	对等关系
52	GB/Z 17625.6—2003	电磁兼容 限值 对额定电流大于16A的设备在低压供电系统中产生的谐波电流的限制	IEC TR 61000-3-4：1998	等同
53	GB/Z 17799.6—2017	电磁兼容 通用标准 发电厂和变电站环境中的抗扰度	IEC/TS 61000-6-5：2001	非等效
54	GB/Z 18039.1—2000	电磁兼容 环境 电磁环境的分类	IEC 61000-2-5：1996	等同
55	GB/Z 18039.1—2019	电磁兼容 环境 电磁环境的描述和分类	IEC/TR 61000-2-5：2017	等同
56	GB/Z 18039.2—2000	电磁兼容 环境 工业设备电源低频传导骚扰发射水平的评估	IEC 61000-2-6：1996	等同
57	GB/Z 18039.5—2003	电磁兼容 环境 公用供电系统低频传导骚扰及信号传输的电磁环境	IEC 61000-2-1：1990	等同
58	GB/Z 18039.6—2005	电磁兼容 环境 各种环境中的低频磁场	IEC 61000-2-7：1998	等同
59	GB/Z 18039.7—2011	电磁兼容 环境 公用供电系统中的电压暂降、短时中断及其测量统计结果	IEC TR 61000-2-8：2002	等同
60	GB/Z 18509—2016	电磁兼容 电磁兼容标准起草导则	IEC Guide 107：2009	非等效
61	GB/Z 30556.1—2017	电磁兼容 安装和减缓导则 一般要求	IEC/TR 61000-5-1：1996	等同
62	GB/Z 30556.2—2017	电磁兼容 安装和减缓导则 接地和布线	IEC TR 61000-5-2：1997	等同
63	GB/Z 30556.3—2017	电磁兼容 安装和减缓导则 高空核电磁脉冲（HEMP）的防护概念	IEC/TR 61000-5-3：1999	等同

三、我国 EMC 标准发展趋势

过去，我国标准化管理部门一贯倡导尽量采用国际标准和发达国家标准来制定国家标准，以适应贸易全球化和应对贸易壁垒，因此，我国已颁布的绝大多数 EMC 国家标准"等同采用"或"修改采用"国际标准。

近年来，随着我国经济的飞速发展，产品的智能化、无线化和网联化，电磁兼容相关技术的发展，传统的电磁兼容标准已越来越有局限性，制定出符合我们产业产品实际的电磁兼容标准的需求越来越迫切。未来适应新的需求，我国标准化组织逐步制定了一些标准，例如：

· GB/T 37130—2018 车辆电磁场相对于人体曝露的测量方法

· GB/T 37132—2018 无线充电设备的电磁兼容性通用要求和测试方法

· GB/Z 35733—2017 对构成及接入智能电网设备的电磁兼容要求导则

· GB/Z 37150—2018 电磁兼容可靠性风险评估导则

· GB/T 37543—2019 直流输电线路和换流站的合成场强与离子流密度的测量方法

此外，我国专家在国际 EMC 标准上的参与程度逐步加深，一方面在传统标准领域中提出完善的技术内容，另一方面逐步在某些领域开始参与并引领标准制定。一方面填补了我国电磁兼容标准应用的空白，另一方面也将适时把国家标准转化为国际标准。

第四节　欧洲电磁兼容市场准入要求

认证制度由于其科学性和公正性，已被世界大多数国家广泛采用。实行市场经济制度的国家，政府利用产品认证制度作为产品市场准入的手段，正在成为国际通行的做法。产品认证制度是各国政府为保护广大消费者人身和动植物生命安全，保护环境、保护国家安全，依照法律法规实施的一种产品合格评定制度，它要求产品必须符合国家标准和技术法规。

在欧盟市场，"CE"标志属强制性认证标志，不论是欧盟内部企业生产的产品，还是其他国家生产的产品，要想在欧盟市场上自由流通，就必须加贴"CE"标志，以表明产品符合欧盟《技术协调与标准化新方法》指令的基本要求。这是欧盟法律对产品提出的一种强制性要求。

一、电磁兼容指令

欧盟是较早将 EMC 标准纳入产品认证要求的地区。最早的 EMC 指令（89/336/EEC）要求从 1996 年 1 月 1 日起所有投放欧盟市场的产品必须符合 EMC 指令中的协调标准要求。在该指令实施的初期，确实对我国的产品出口形成了贸易壁垒，造成了经济损失。随着我国电磁兼容认证实施推进和电磁兼容相关技术的发展，目前出口产品完全符合电磁兼容要求已基本没有技术上的障碍。后续，EMC 指令更新为 2004/108/EC，而现行有效的 EMC 指令是 2014/30/EU，其主要内容包括：

第一章　总则

其中规定了该指令的目的、范围、定义及必须满足的要求。

第二章　经营者责任

其中分别规定了制造商、授权代表、进口商、分销商的责任义务。

第三章　设备符合性

其中规定制造商需要进行欧盟符合性声明，明确了符合性声明是制造商的责任以及 CE 标识的使用规则。

第四章　合格评定机构公告

其中规定了对授权机构、公告机构、公告机构子公司及分包方的要求，给出了公告的程序。

第五章　统一市场的监督与控制

其中规定了不符合 EMC 指令要求时，经营者需采取的退市或者召回的纠正措施，不同成员国间的监督协调。

第六章　委员会，过渡期和最后条款

其中规定了新老指令过渡期的设定，建议成员国制定包括严重侵权的刑事犯罪在内的处罚。

二、制造商资料要求

1. 符合性声明内容

①产品型号（产品、型号、批号或序列号）；

②制造商或其授权代表的名称和地址；

③本符合性声明由制造商全权负责；

④声明的对象（允许可追溯性的设备识别，它可以包括在必要时用于识别设备的足够清晰的彩色图像）；

⑤上述声明的目的是符合相关的联盟协调立法；

⑥参考所使用的相关协调标准，包括标准的日期，或参考其他技术规范，包括规范的日期；

⑦适用时，公告机构相关说明并签发证书；

⑧其他资料；

⑨签署地点和签发日期、姓名、职能等。

2. 技术文件内容

技术文档制造商应建立技术文档。文件应能够评估设备是否符合相关要求，并应包括对风险的充分分析和评估。

技术文件应规定适用的要求，并在评估的相关范围内涵盖设备的设计、制造和操作。在适用的情况下，技术文件应至少包含以下要素：

①设备的一般说明；

②组件、附件、电路等的设计概念和制造图纸及方案；

③理解这些图纸和方案以及仪器操作所必需的说明和解释；

④全部或部分适用的协调标准清单，其参考文献已在欧盟官方公报上

公布，如果尚未采用这些协调标准，则说明为满足本指令的要求而采用的解决方案，包括适用的其他相关技术规范的列表；如果部分采用协调标准，技术文件应规定已采用的部分；

⑤进行设计计算和进行检验的结果等；

⑥测试报告。

3. "CE"标志形式

"CE"标志要由大写的"CE"组成，形式见图 4-2。

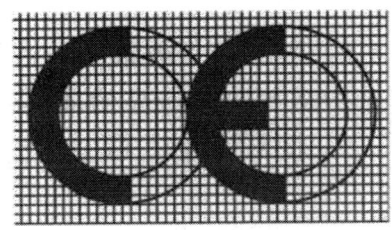

图 4-2 "CE"标志

"CE"标志高至少有 5 mm，如缩小或放大标志，必须遵守上面刻度图中规定的比例。

"CE"标志必须是在显著位置，并且清晰可辨，不易涂抹。通常情况下，"CE"标志加贴在产品或其参数标牌上。若不能将"CE"标志直接贴到产品上，也可加贴到产品的包装或产品附带文件上，但需证明"CE"标志不能贴在产品上的原因，如某些易爆炸物品，或由于受某些技术和经济条件的制约，或是由于不能保证达到"CE"标志的尺寸要求或不能做到标志清晰可辨、不易涂改的要求，在这些情况下，可将"CE"标志贴在包装或附带文件上。

三、EMC 协调标准清单

所有协调标准通过欧盟官方公报发布，2014/30/EU 指令对应的最新协调标准清单见 2018/C 246/01。欧洲电磁兼容标准技术内容上基本等同 IEC 标准，部分协调标准示例如表 4-5 所示。

表4-5 欧盟协调标准示例清单

序号	标准编号	标准名称	与IEC标准关系
1	EN 55011:2009	Industrial, scientific and medical equipment — Radio-frequency disturbance characteristics — Limits and methods of measurement	CISPR 11:2009 (Modified)
2	EN 55011:2009/A1:2010		CISPR 11:2009/A1:2010
3	EN 55012:2007	Vehicles, boats and internal combustion engines — Radio disturbance characteristics — Limits and methods of measurement for the protection of off-board receivers	CISPR 12:2007
4	EN 55012:2007/A1:2009		CISPR 12:2007/A1:2009
5	EN 55014-1:2006	Electromagnetic compatibility — Requirements for household appliances, electric tools and similar apparatus — Part 1: Emission	CISPR 14-1:2005
6	EN 55014-1:2006/A1:2009		CISPR 14-1:2005/A1:2008
7	EN 55014-1:2006/A2:2011		CISPR 14-1:2005/A2:2011
8	EN 55014-2:1997	Electromagnetic compatibility — Requirements for household appliances, electric tools and similar apparatus — Part 2: Immunity — Product family standard	CISPR 14-2:1997
9	EN 55014-2:1997/A1:2001		CISPR 14-2:1997/A1:2001
10	EN 55014-2:1997/A2:2008		CISPR 14-2:1997/A2:2008
11	EN 55014-2:1997/AC:1997		/
12	EN 55015:2013	Limits and methods of measurement of radio disturbance characteristics of electrical lighting and similar equipment	CISPR 15:2013 + IS1:2013 + IS2:2013

续　表

序号	标准编号	标准名称	与 IEC 标准关系
13	EN 55024：2010	Information technology equipment — Immunity characteristics — Limits and methods of measurement	CISPR 24：2010
14	EN 55032：2012	lectromagnetic compatibility of multimedia equipment — Emission requirements	CISPR 32：2012
15	EN 61000-3-2：2014	Electromagnetic compatibility (EMC) — Part 3-2：Limits — Limits for harmonic current emissions (equipment input current ≤ 16 A per phase)	IEC 61000-3-2：2014
16	EN 61000-3-3：2013	Electromagnetic compatibility (EMC) — Part 3-3：Limits — Limitation of voltage changes, voltage fluctuations and flicker in public low-voltage supply systems, for equipment with rated current <= 16 A per phase and not subject to conditional connection	IEC 61000-3-3：2013
17	EN 61000-3-11：2000	Electromagnetic compatibility (EMC) — Part 3-11：Limits — Limitation of voltage changes, voltage fluctuations and flicker in public lowvoltage supply systems — Equipment with rated current <= 75 A and subject to conditional connection	IEC 61000-3-11：2000

续 表

序号	标准编号	标准名称	与 IEC 标准关系
18	EN 61000-3-12：2011	Electromagnetic compatibility (EMC) — Part 3-12：Limits — Limits for harmonic currents produced by equipment connected to public low-voltage systems with input current > 16 A and <= 75 A per phase	IEC 61000-3-12：2011 + IS1：2012
19	EN 61000-6-1：2007	Electromagnetic compatibility (EMC) — Part 6-1：Generic standards — Immunity for residential, commercial and light-industrial environments	IEC 61000-6-1：2005
20	EN 61000-6-2：2005	Electromagnetic compatibility (EMC) — Part 6-2：Generic standards — Immunity for industrial environments	IEC 61000-6-2：2005
21	EN 61000-6-2：2005/AC：2005		/
22	EN 61000-6-3：2007	Electromagnetic compatibility (EMC) — Part 6-3：Generic standards — Emission standard for residential, commercial and light-industrial environments	IEC 61000-6-3：2006
23	EN 61000-6-3：2007/A1：2011/AC：2012		/
24	EN 61000-6-3：2007/A1：2011		IEC 61000-6-3：2006/A1：2010
25	EN 61000-6-4：2007	Electromagnetic compatibility (EMC) — Part 6-4：Generic standards — Emission standard for industrial environments	IEC 61000-6-4：2006
26	EN 61000-6-4：2007/A1：2011		IEC 61000-6-4：2006/A1：2010

第五节　我国电磁兼容市场准入要求

一、CCC 认证制度

中国强制性产品认证（CCC）制度于 2002 年 5 月 1 日起施行，《强制性产品认证管理规定》（总局令第 117 号）是实施强制性产品认证制度的基础文件，其主要内容包括：

第一章　总则

其中规定了国家对实施强制性产品认证的产品，统一产品目录，统一技术规范的强制性要求、标准和合格评定程序，统一认证标志，统一收费标准。

第二章　认证实施

其中规定了由国家认监委制定、发布强制性产品认证规则作为 CCC 认证基本规范，由指定的认证机构和实验室承担产品认证和检测。

第三章　认证证书和认证标志

其中规定了认证证书的基本内容和认证标志。认证标志的式样由基本图案、认证种类标注组成。如果具体产品依据标准安全标准或者安全加 EMC 标准，则标识分别为（见图 4-3）：

图 4-3　认证标识

第四章　监督管理

其中规定了国家认监委、地方质检两局对 CCC 认证产品的监督，认证机构、检查机构、实验室的禁止行为。

第五章　罚则

其中规定了对无证产品企业和认证机构、检查机构、实验室的罚则。

第六章　附则

其中规定了强制性产品认证应当依照国家有关规定收取费用。

二、CCC 中 EMC 要求

CCC 认证是通过制定强制性产品认证的产品目录和实施强制性产品认证程序，对列入《目录》中的产品实施强制性的检测和审核。凡列入强制性产品认证目录内的产品，没有获得指定认证机构的认证证书，没有按规定加施认证标志，一律不得进口、不得出厂销售和在经营服务场所使用。2002 年 5 月 1 日起实施的第一批实施强制性产品认证的产品目录共有 19 大类 132 种产品，但不是所有产品类别都有电磁兼容要求。随着 CCC 目录的不断动态调整，截至 2019 年 7 月，其中具有 EMC 要求的产品类别详见表 4-6。

表 4-6　具有 EMC 要求的 CCC 产品汇总

大类	小类	依据 EMC 标准
五、电动工具（6 种）	1. 电钻	GB 4343.1、GB 17625.1
	2. 电动螺丝刀和冲击扳手	
	3. 电动砂轮机	
	4. 砂光机	
	5. 圆锯	
	6. 电锤	

续 表

大类	小类	依据 EMC 标准
七、家用和类似用途设备（19 种）	1. 家用电冰箱和食品冷冻箱	GB 4343.1、GB 17625.1
	2. 电风扇	GB 4343.1、GB 17625.1
	3. 空调器	GB 4343.1、GB 17625.1
	4. 电动机-压缩机	无 EMC 要求
	5. 家用电动洗衣机	GB 4343.1、GB 17625.1
	6. 电热水器	无 EMC 要求
	7. 室内加热器	无 EMC 要求
	8. 真空吸尘器	GB 4343.1、GB 17625.1
	9. 皮肤和毛发护理器具	GB 4343.1、GB 17625.1
	10. 电熨斗	GB 4343.1、GB 17625.1
	11. 电磁灶	无 EMC 要求
	12. 电烤箱（便携式烤架、面包片烘烤器及类似烹调器具）	
	13. 电动食品加工器具［食品加工机（厨房机械）］	
	14. 微波炉	
	15. 电灶、灶台、烤炉和类似器具（驻立式电烤箱、固定式烤架及类似烹调器具）	
	16. 吸油烟机	
	17. 液体加热器和冷热饮水机	
	18. 电饭锅	GB 4343.1、GB 17625.1
	19. 电热毯	无 EMC 要求

续 表

大类	小类	依据 EMC 标准
八、音视频设备（10 种）	1. 总输出功率在 500W（有效值）以下的单扬声器和多扬声器有源音箱	GB 13837、GB 17625.1
	2. 音频功率放大器	
	3. 各种广播波段的调谐接收机、收音机	
	4. 各类载体形式的音视频录制播放及处理设备（包括各类光盘、磁带、硬盘、等载体形式）	
	5. 以上四种设备的组合	
	6. 音视频设备配套的电源适配器（含充/放电器）	
	7. 各种成像方式的彩色电视接收机	
	8. 监视器	
	9. 录像机	
	10. 电子琴	
九、信息技术设备（8 种）	1. 微型计算机	GB 9254、GB 17625.1
	2. 便携式计算机	
	3. 与计算机连用的显示设备	
	4. 与计算机相连的打印设备	
	5. 多用途打印复印机	
	6. 扫描仪	
	7. 计算机内置电源及电源适配器充电器	
	8. 服务器	
十、照明电器（2 种）	1. 灯具	GB 17743、GB 17625.1
	2. 镇流器	

续 表

大类	小类	依据 EMC 标准
十五、电信终端设备（7种）	1. 传真机	GB 9254、YD/T 993
	2. 固定电话终端及电话机附加装置	GB 9254、YD/T 993
	3. 无绳电话终端	GB 19483、YD/T 993
	4. 集团电话	GB 9254、YD/T 993
	5. 移动用户终端	GB/T 19484.1 GB/T 22450.1 YD/T 1592.1 YD/T 1595.1 YD/T 2583.14
	6. 数据终端（含卡）	GB 9254、YD/T 993
	7. 多媒体终端	GB 9254、YD/T 993

由表 4-6 可知，目前的 CCC 认证中，仅有六大类产品有 EMC 要求，其中 11 类家用和类似用途设备没有 EMC 要求；此外，我国的 CCC 认证中，EMC 要求仅是部分发射项目，抗扰度项目没有要求，产品适用的 EMC 标准未做到全覆盖，此点与欧盟 EMC 指令要求有很大差异。

第五章
电磁兼容设计基础

第一节　电磁兼容控制

电磁兼容控制是一项系统工程，应该在设备和系统设计、研制、生产、使用与维护的各阶段都充分地予以考虑和实施才可能有效。在控制方法设计上，除了采用众所周知的抑制干扰传播的技术，如接地、屏蔽、滤波及合理布线等方法以外，还可以采取回避和疏导的技术处理，如空间方位分离、时间闭锁分隔、频率划分与回驻、吸收和旁路等，有时这些回避和疏导技术简单而巧妙，可以代替成本费用昂贵的硬件措施，并收到事半功倍的效果。它们是精明的电磁兼容工程师们经常采用的控制方法。

一、接地技术

接地是控制电子电气设备电磁兼容性的三种基本措施之一。接地设计是一项重要的设计，也是难度较大的一项设计。在 EMC 设计的一开始就进行地线设计是解决 EMC 问题最有效和最廉价的方法，可解决 50% 的 EMC 问题。设计良好的地线网络既能提高设备的抗扰度，又能减小其电磁发射，但是错误的接地常常会造成相反的效果，甚至会使电子电气设备无法正常工作。

接地的含义是为电路或系统提供一个参考的等电位点或面，即基准地，也称为参考地，如果接真正的大地，则这个参考等电位点或面就是大地电位。接地的另一个含义是为电流流回源提供一条低阻抗路径，回流就像信号电流或电源电流的影子一样形影不离，在高频时这个定义更恰当。电子电气设备的某些部位与参考地相连可以起到抑制内部和外部电磁骚扰的作用。因此，参考地应具有足够大的面积。

电子电气设备中的"地"通常有两种含义：一种是"大地"，另一种是"系统基准地"。接地就是指在系统的某个选定点与某个电位基准间建立低阻的导电通路。"接大地"就是以地球的电位作为基准，并以大地作为零电位，把电子电气设备的金属外壳、线路选定点等通过接地线、接地极等组成的接地装置与大地相连接。"系统基准地"是指信号回路的基准导体（电子电气设备通常以金属底座、机壳、屏蔽罩或粗铜线、铜带作为基准导体），并设该基准导体电位为相对零电位，但不是大地零电位，简称为系统地。

接地的目的有两个：一是为了安全，称为保护接地。保护接地是为防止绝缘损坏造成设备带电危及人身安全而设置的保护装置，电子电气设备的金属外壳必须接大地，这样可以避免因事故导致金属外壳上出现过高对地电压而危及操作人员和设备的安全。二是为电流返回其源提供低阻抗通道，参考接地为电子电气设备稳定可靠工作提供参考电平，为电源和信号提供基准电位。系统基准地与大地相连，可抑制电磁骚扰。外壳金属件直接接大地，还可以提供静电电荷的泄漏通路，防止静电积累。所以，接地是基础，既是安全保护、工作稳定的基础，也是电磁兼容的基础。

接地从概念上来讲，会使人误以为很简单，而到实际应用时，接地技术是相当复杂的，而且适合于解决一个问题的方法未必适合于解决另一个问题。地线设计是难度较大的一项设计，也是一项非常重要的设计。在电磁兼容设计的初期就进行地线设计是解决电磁干扰问题的最有效、最廉价的方法。

1. 安全接地

"安全接地"顾名思义，它的作用是保证安全。一般情况下，这里所说的安全指的是人身安全。安全地通常就是指人们所站立的大地。若设备金属外壳接地，当人站在地面上触摸该金属外壳时，就不会受到电击，这是因为该金属外壳的电位与大地相同，人的身体上没有电压的原因。如果不接安全地，故障时机壳电位很高，这时人手触及机壳，故障电流就会全部流过人体入地，从而产生触电的危险。一般人体电阻约为 $1\sim1.5\mathrm{k}\Omega$，220V 交流电压将会产生相当可观的人体电流。如果该电流在 1mA 以上则人体就有不适感觉，电流在 $20\sim50\mathrm{mA}$ 以上则对人体产生危险，如电流超过 100mA 并且持续时间在 1s 以上，则可能造成人员死亡。

2. 信号地

信号地是指电路中各种电压信号的电位参考点，因此，地线电位为系统中的所有电路提供了一个电位基准。所以在设计电路时，要将所有标有地线符号的点连接到一起，使所有电路具有相同的参考电位。

这个定义与其说是地线的定义，不如说是对地线电位的一种假设。因为这个定义实际上并没有反映地线的真实情况；也就是说，假设地线上的电位是一定的，就以这个假设的等电位作为整个电路的电位参考点。但是，实际电路地线上的电位并不是一定的，因此就导致实际情况与假设前提相矛盾的情况。既然假设的条件都不正确，电路工作异常也就是十分正常的事了。这就是地线所导致的电磁干扰问题。地线连接不当会导致干扰现象，对于经验丰富的电路工程师是再熟悉不过的了。在调试电路时，可以尝试着改变地线的连接方式，大家会发现，有时仅将地线的连接方式改变一下，干扰问题就会改善，这是因为改变地线连接方式后，地线的电位情况恰好符合了假设条件，那从信号源发送到负载的信号电流最终消失在哪里了呢？在几乎所有的电路教材中，都忽略了这个问题的解释。根据电流连续性定律，流进一个节点的电流总量总是等于流出这个节点的电流总量。但是，流进负载的电流从哪里流出去了呢？从信号源流出的电流又从哪里流回信号源呢？实际上，这些电流的路径就是地，只不过在画电路图的时候没有专门画出地线，而是用一个地线符号来表示，所有的地线符号都需要连接在一起，自然构成了一个电流的回路。因此，地线更客观的定义应该是地线电流流回其源的低阻抗路径。

这个定义突出了电流的流动，反映了地线的真实情况。当电流流过有限阻抗时，必然会导致电压降低，因此地线上的电位不会相同，这个定义反映了实际地线上的电位情况，这与电路设计中对地线电位的假设完全不同，从而揭开了地线干扰问题的面纱。

另外，这个定义中强调的是低阻抗路径。因为电流的一个特性就是总是选择阻抗最小的通路，地线电流也是如此。通常在设计线路板或进行系统组装时，只是随便地将所有地线符号连接起来，可是我们想一想，这种连接是否真正提供了一条阻抗最小的路径了呢？实际上，我们所连接的地线并不一定是阻抗最低的路径，也就是说，真正的地线并不一定是实际所连接的那样。许多工程师并不知道地线电流的真实情况，一旦出现地线导致的干扰问题，往往会感到莫名其妙，也很难拿出一个方案来解决。这是因为，在没有认真进行地线设计的情况下，地线电流实际是处于一种不可控的状态，它会自己打通一条阻抗最低的路径流回信号源。

综上所述，地线是电流的回流路径，所以其对于电磁干扰来说是相当重要的，地线所导致的电磁干扰问题的实质主要如下。

（1）地线电流及地线阻抗导致地线各点电位的不同，这与地线电位是一定的假设相矛盾，导致电路工作异常。

（2）由于地线设计不当导致信号电流回路面积较大，这种面积较大的电流会产生很强的电磁辐射，导致辐射干扰的问题。

（3）较大的信号回路面积会令电路之间的互感耦合增加，导致电路工作异常。

因此，在电路设计时，要精心设计地线，做到"两小"，即地线阻抗要尽量小，地线环路面积尽量小。这样做的目的有二：第一，地线阻抗要尽量小的目的是保证作为参考电位的地线电位尽量符合电位一致的假设；第二，地线环路面积尽量小的目的是为信号电流提供一条低阻抗的路径，使信号电流的回流处于受控状态，控制信号电流的回路面积以减小天线效应。

3. 接地原则

许多接地方法的使用常常依赖于所要实现的目标或正在开发系统的功能。不考虑安全接地，仅从电路设计的角度考虑，接地方式可分为单点接地、多点接地和混合接地等。

（1）单点接地

单点接地是为许多在一起的电路提供共同参考点的方法。串联单点接地存在共阻抗耦合问题，不推荐使用。并联单点接地最简单，它没有公共阻抗耦合和低频地环的问题。如图 5-1 所示，每一个电路模块都接到一个单点地上，每一个子单元在同一点与参考点相连。地线上其他部分的电流不会耦合进电路。这种结构在 1MHz 以下能工作得很好，但当频率升高时，由于接地的阻抗较大，电路上会产生较大的共模电压；当地线的长度超过 1/4 波长时，电路实际上与地是隔开的。单点接地要求电路的每部分只接地一次，并且都是接在同一点上，该点常常以大地为参考。由于只存在一个参考点，因此可以相信没有地回路存在，因而也就没有骚扰问题。

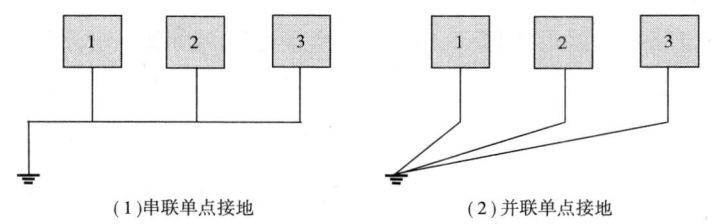

(1) 串联单点接地　　　　(2) 并联单点接地

图 5-1　单点接地示意图

并联单点接地的一种改进方式是将具有类似特性的电路连接在一起，然后将每一个公共点连接到单点地，如图 5-2 所示。这样既有单点接地可以避免公共阻抗耦合的优点，又使高频电路有良好的局部接地。为了减少公共阻抗耦合，骚扰最大的电路应最靠近公共点。当一个模块中有一个以上的地时，它们应该通过背对背二极管连接到一起，避免当电路断开时造成电路损坏。

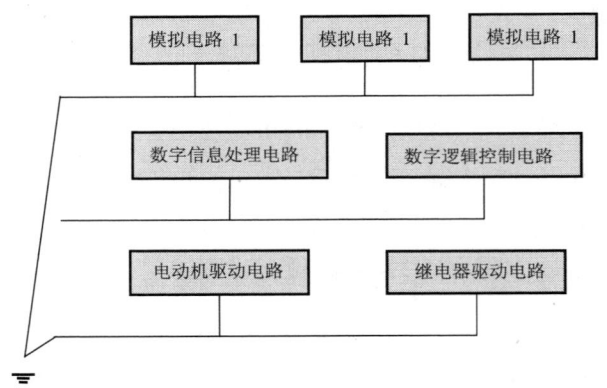

图 5-2　改进的并联单点接地示意图

（2）多点接地

对于工作频率较高的电路如数字电路，由于各元器件的引线和电路布局本身的电感都将增加接地线的阻抗，因而在低频电路中广泛采用的单点接地，若用在高频电路，容易增加接地线的阻抗，而且地线间的杂散电感和分布电容也会造成电路间的相互耦合，从而使电路工作不稳定。为了降低接地线阻抗，减少地线间的杂散电感和分布电容造成电路间的相互耦合，高频电路采用就近接地——即"多点接地"的原则，把各电路的地线就近接至低阻抗地线上。一般来说，当电路的工作频率高于 10MHz 时，应采用多点接地的方式。由于高频电路的接地关键是尽量减少接地线的杂散电感和分布电容，所以在接地的实施方法上与低频电路有很大的区别。多点接地如图 5-3 所示。这种接地结构的原理在于为许多并联路径提供了到地的低阻抗通路，并且在系统内部接地很简单。只要公共参考点任何两点之间的距离小于骚扰波长的几分之一，多点接地的效果都很好。

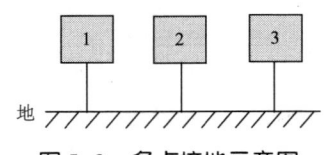

图 5-3　多点接地示意图

多点接地能够避免单点接地在高频时的问题。在数字电路和高频大信号电路中必须使用多点接地。模块和电路通过许多短线（<0.1λ）连接起

来，以减少地阻抗产生的共模电压。不过，多点接地的结构形成了许多地线环路，因此空间的电磁场、地线上的电位差等会对电路形成干扰。为了减小地线环路的影响，要尽量减小地线阻抗。减小地线的阻抗可从两个方面考虑，一个是减小导体的电阻，另一个是减小导体的电感。由于高频电流的趋肤效应，增加导体的截面积并不能减小导体的电阻，正确的方法是在导体表面镀锡甚至镀银。用宽金属板可以减小导体的电感。如果地线是由不同部分金属搭接构成的，还要考虑搭接阻抗。另外，要将电路之间的连线尽量靠近地线，以减小地环路的面积，这样做的目的是为了减小空间电磁场在地线环路中形成的干扰。

（3）混合接地

在有些用电设备中，既有高频部分又有低频部分。此时应分别对待，低频电路采用单点接地，高频电路需多点接地。这种接地系统称为混合接地系统，如图 5-4 所示。混合接地既包含了单点接地的特性，也包含了多点接地的特性，实际用电设备的情况比较复杂，很难通过某一种简单的接地方式解决问题，因此混合接地应用更为普遍。

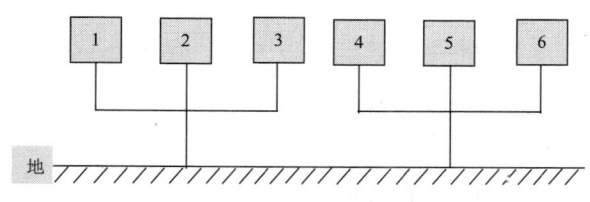

图 5-4　混合接地示意图

（4）悬浮接地

浮地是一种将电路或设备与公共接地平面或可能引起环路电流的公共导线进行电隔离的方法。浮地的效果取决于是否做到完全的浮地。实际上，要做到完全的隔离在很多情况下是很困难的，而且完全的隔离有时还存在一定的危险。因为设备不与大地相连，容易出现静电积累，当积累的电荷达到一定程度后，若人员触及设备外壳会产生静电放电，或者在设备和大地之间会自然产生具有强大放电电流的静电击穿现象，这种放电现象是破坏性很大的强骚扰源。为此，对浮地提出了一种折中办法，就是必要时在采用浮地的设备与大地之间接入一个电阻值很大（约几兆欧）的泄放电阻，以消除静电积累的危险。如图5-5所示。

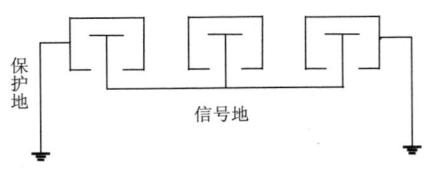

图5-5 悬浮接地示意图

在实际电子电气控制系统中，接地是抑制骚扰并使系统可靠工作的主要方法，地线处理是系统设计、安装、调试中的重要问题，下面列举接地的一些基本原则：

1）控制系统宜采用单点接地

一般情况下，高频电路应就近多点接地，低频电路应单点接地。在低频电路中，布线和元件间的电感并不是什么大问题，然而接地形成的地环路骚扰影响很大。因此，常以单点作为接地点，但单点接地不适用于高频，因为高频时，地线上具有电感因而增加了地线阻抗，同时各地线之间又产生电感耦合。一般来说，频率在1MHz以下可用单点接地；高于10MHz时，采用多点接地；在1~10MHz之间可用单点接地，也可用多点接地。

2）交流地与信号地不能共用

由于在一段电源地线的两点间会有数百毫伏甚至几伏的骚扰电压，对低电平信号电路来说，这是一个非常重要的骚扰，因此必须加以隔离和防止。

3）浮地与接地的比较

全机浮地即系统各个部分与大地浮置起来，这种方法简单，但整个系统与大地绝缘电阻不能小于50MΩ。这种方法具有一定的抗骚扰能力，但一旦绝缘下降就会带来骚扰。还有一种方去，就是将机壳接地，其余部分悬浮。这种方法抗骚扰能力强，安全可靠，但实现起来比较复杂。

4）模拟地

模拟地的接法十分重要。为了提高抗共模骚扰能力，对于模拟信号可采用屏蔽浮地技术。对于具体模拟信号的接地处理，要严格按照操作手册上的要求设计。

5）屏蔽地

在控制系统中，为了减少信号中电容耦合噪声、准确检测和控制，对信号采用屏蔽措施是十分必要的。根据屏蔽目的的不同，屏蔽地的接法也不一样。电场屏蔽解决分布电容问题，一般接大地；电磁场屏蔽主要避免雷达、电台等高频电磁场辐射骚扰。利用低阻金属材料高导流制成，可接大地。磁场屏蔽用于防止防磁铁、电机、变压器、线圈等磁感应，其屏蔽方法是用高导磁材料使磁路闭合，一般可以接地。当信号电路是单点接地时，低频电缆的屏蔽层也应单点接地。如果电缆的屏蔽层接地点有一个以上时，将产生噪声电流，形成噪声源。当一个电路有一个不接地的信号源与系统中接地的放大器相连时，输入端的屏蔽层应接至放大器的公共端；相反，当接地的信号源与系统中不接地的放大器相连时，放大器的输入端也应接到信号源的公共端。

对于电子电气系统的接地，要按接地的要求和目的分类，不能将不同类接地简单、任意地连接在一起，而是要分成若干独立的接地子系统，每个子系统都有其共同的接地点或接地干线，最后才连接在一起，实现总接地。

二、屏蔽技术

屏蔽是利用屏蔽体来阻挡或减小电磁能传输的一种技术，是抑制电磁干扰的重要手段之一。屏蔽有两个目的，一是限制内部辐射的电磁能量泄漏出该内部区域，二是防止外来的辐射骚扰进入某一区域。具体来讲，就是通过屏蔽体将关键电路、设备或系统包起来，防止它们受到外界电磁骚扰的影响，或者用屏蔽体将元器件、电路、组合件、电缆或整个系统的干扰源包围起来，防止骚扰电磁场向外扩散。因为屏蔽体对来自导线、电缆、元器件、电路或系统等外部骚扰电磁波和内部电磁波均起着抵消能量（电磁感应在屏蔽层上产生反向电磁场，可抵消部分干扰电磁波）、反射能量（电磁波在屏蔽体上的界面反射）和吸收能量（涡流损耗）的作用，所以屏蔽体可以有效地减弱干扰。

如果需要对低频骚扰进行屏蔽，屏蔽体应该有一定厚度，但是如果仅要屏蔽高频（30MHz 以上）骚扰，则可用薄层屏蔽或在塑料上镀上一层薄的导电层就可以了。

由于许多其他因素的影响，如美观、加工工艺等要求，屏蔽经常是昂贵和有一定难度的设计。在研发项目中，是否采用屏蔽技术，应尽早决定、尽早设计。例如，通过接口电缆可能将 PCB（印制电路板）产生的骚扰直接辐射，或直接接收外界的骚扰。因此，在设计时，应该首先尽可能减小 PCB 走线产生的辐射场，并与有关标准规定的限值进行比较。如果在某个频率点超过了限值，并且印制电路板不能再改进，则需要进行屏蔽。但是屏蔽本身对共模电缆耦合没有作用，因此如果电缆共模耦合是主要耦合途径时，可能并不需要屏蔽，更重要的是为共模电流滤波提供一个干净的无噪声参考地，并将共模滤波器的地线与此参考地相接，以使其进行有效的共模滤波。

用于电磁兼容的屏蔽体，通常能将电磁骚扰的强度衰减到原来的百分之一至百万分之一以上。为了方便起见，屏蔽体的性能以屏蔽效能 SE（dB）或 SH（dB）表示。定义为

$$SE = 20 \lg (E_1/E_2) \quad (dB) \tag{5-1}$$

$$SH = 20 \lg (H_1/H_2) \quad (dB) \tag{5-2}$$

式中：E_1、H_1 分别为未屏蔽时测得的电场强度和磁场强度；E_2、H_2 分别为屏蔽后测得的电场强度和磁场强度。屏蔽效能 SE 或 SH 即对给定辐射骚扰源进行屏蔽时，在某一场点上，屏蔽体安装前后的电场强度或磁场强度之比值。

根据抑制功能不同，分为电屏蔽、磁屏蔽及电磁屏蔽。

1. 电屏蔽

电屏蔽,即静电或电场的屏蔽用于防止或抑制寄生电容耦合,隔离静电或电场干扰。

从场的观点看,电屏蔽的实质是干扰源发出的电力线被终止于屏蔽体,从而切断了干扰源与感受器之间电力线的交连;从电路的观点分析,屏蔽体起着减小干扰源和感受器之间分布电容的作用。因此,要想减少电场引起的耦合,可采取如下措施:

(1) 加金属屏蔽物,并且将其良好接地。

(2) 使相互耦合的两导体或内元器件相互远离,以减少它们之间的分布电容。

静电屏蔽应具有两个基本要点,即完善的屏蔽体和良好的接地。

2. 磁屏蔽

磁屏蔽,即磁场屏蔽,用于防止磁感应,抑制寄生电感耦合,隔离磁场干扰。

对于甚低频或直流磁场的屏蔽,可使用铁磁性材料将敏感器件包起来。利用铁磁性材料的低磁阻和高磁导率特性,可以对外界磁场起到磁通高导磁材料屏蔽体分路作用,使敏感器件周围的磁力线集中在屏蔽材料中,从而使屏蔽体内的磁场大大减弱,对敏感器件起到了磁屏蔽作用。

在磁场屏蔽的设计方面,屏蔽体的材料和形状是非常关键的,因为这些直接影响磁场屏蔽效果,设计时可以参考以下几点。

1) 选用高磁导率的材料,如坡莫合金等,这些材料与铁相比,具有高磁导率和低磁通密度。但有时候我们会发现,磁导率很高的材料在强磁场中会失去屏蔽性能。这是因为这些材料在强磁场中发生了磁饱和现象,材料的磁导率越高,越容易饱和。所以设计中要选择一种材料,既能提供足够的屏蔽能力,又不至于发生饱和,具体处理措施参见下面第6)点的内容。

2) 除了选用适合的磁材外,增加屏蔽体的截面积(壁厚),尽量缩短磁路的长度也能增加磁屏蔽的效能。

前面两点的目的都是为了减小屏蔽体磁阻。

3）被屏蔽的物体不要紧贴放在屏蔽体上，这样可以尽量减少通过被屏蔽物体内的磁通。

4）注意磁屏蔽体的结构设计，接缝、通风孔都能增加屏蔽体的磁阻，降低屏蔽效果。因此，为了有利于减小屏蔽体在磁场方向的磁阻，应使缝隙或长条通风孔循着磁场方向分布。

5）理论上，完全封闭体的磁屏蔽效果最为理想，但在实践当中，一些不封闭的结构，如五面体或更少的结构，甚至是平板磁材也能提供满足要求的屏蔽效果。注意：当使用平板时，应使平板体的长度和宽度大于干扰源到敏感器件之间的距离。

6）对于强磁场的屏蔽，为了在非常强的磁场中保护坡莫合金，防止发生磁路饱和，而且还要保证有较高的衰减量，需要采取多层屏蔽或添加高磁导率、高饱和点的铁合金。以一个双层屏蔽体为例，如果外部为强磁场，外层屏蔽体就要选用磁导率相对较低、不易饱和的材料（如硅钢），先将磁场衰减到一定程度，然后再用磁导率很高的材料进行进一步衰减；如果内磁场为强磁场，则磁材次序就要颠倒过来。总之，靠近干扰源的部分要用低磁导率的材料。

7）在安装内、外两层屏蔽体时，磁路上应互相绝缘。当没有接地要求时，可用绝缘材料作为支撑件。一般来讲，屏蔽体要兼有防止电场感应的作用，因此通常是要求接地的，此时，可用非铁磁材料（如铜、铝等）作为支撑件。

3. 电磁屏蔽

电磁屏蔽就是以金属隔离的原理来控制电磁骚扰由一个区域向另一区域感应和辐射传播的方法，是用屏蔽体阻止高频电磁场在空间传播的一种措施，用于防止或抑制高频电磁场的干扰。

电磁屏蔽不但要求有良好的接地，而且要求屏蔽体具有良好的导电连续性。为了满足电磁兼容性要求，常常用高导电性的材料作为屏蔽材料，如铜板、铜箔、铝板、铝箔、钢板或金属镀层、导电涂层。在实际的屏蔽中，电磁屏蔽效能更大程度上依赖于机箱的结构，即导电的连续性。机箱上的接缝、开口等都是电磁波的泄漏源。穿过机箱的电缆也是造成屏蔽效能下降的主要原因。解决机箱缝隙电磁泄漏的方式是在缝隙处用电磁密封衬垫。电磁密封衬垫是一种导电的弹性材料，它能够保持缝隙处的导电连续性。常见的电磁密封衬垫有导电橡胶、双重导电橡胶、金属编织网套、螺旋管衬垫、定向金属导电橡胶等。机箱上开口的电磁泄漏与开口的形状、辐射源的特性和辐射源到开口处的距离有关。通过适当的设计开口尺寸和辐射源到开口的距离能够改善屏蔽效能的要求。通风口可使用穿孔金属板，只要孔的直径足够小，就能够达到所要求的屏蔽效能。当对通风量的要求高时，必须使用截止波导通风板（蜂窝板），否则不能兼顾屏蔽和通风量的要求。如果对屏蔽要求不高，并且环境条件较好，可以使用铝箔制成的蜂窝板。这种产品的价格低，但强度差，容易损坏。如果对屏蔽的要求高，或环境恶劣（如军用环境），则要使用铜制或钢制蜂窝板，这种产品各方面性能优越，但价格高昂。屏蔽机箱上绝不允许有导线直接穿过。当导线必须穿过机箱时，一定要使用适当的滤波器，或对导线进行适当的屏蔽。

三、滤波技术

滤波技术的基本用途是选择信号和抑制干扰，为实现这两大功能而设计的网络都称为滤波器。通常按功用可把滤波器分为信号选择滤波器和电磁干扰（EMI）滤波器两大类。

信号选择滤波器是有效去除不需要的信号分量，同时对被选择信号的幅度相位影响最小的滤波器。

电磁干扰滤波器是以有效抑制电磁干扰为目标的滤波器。电磁干扰滤波器常常又分为信号线 EMI 滤波器、电源 EMI 滤波器、印刷电路板 EMI

滤波器、反射 EMI 滤波器、隔离 EMI 滤波器等几类。

线路板上的导线是最有效的接收和辐射天线，由于导线的存在，往往会使线路板上产生过强的电磁辐射。同时，这些导线又能接受外部的电磁干扰，使电路对干扰很敏感。在导线上使用信号滤波器是一个解决高频电磁干扰辐射和接收很有效的方法。脉冲信号的高频成分很丰富，这些高频成分可以借助导线辐射，使线路板的辐射超标。信号滤波器的使用可使脉冲信号的高频成分大大减少，由于高频信号的辐射效率较高，这个高频成分的减少可以大大改善线路板的辐射。

电源线是电磁干扰传入设备和传出设备的主要途径。通过电源线，电网上的干扰可以传入设备，干扰设备的正常工作。同样，设备的干扰也可以通过电源线传到电网上，对电网上其他设备造成干扰。为了防止这两种情况的发生，必须在设备的电源入口处安装一个低通滤波器，这个滤波器只容许设备的工作频率（50Hz、60Hz）通过，而对较高频率的干扰有很大的损耗。由于这个滤波器专门用于设备电源线上，所以称为电源线滤波器。

电源线上的干扰电路以两种形式出现。一种是在火线零线回路中，其干扰被称为差模干扰。另一种是在火线、零线与地线和大地的回路中，称为共模干扰。通常 1MHz 以下时，差模干扰成分占主要部分。1MHz 以上时，共模干扰成分占主要部分。电源滤波器对差模干扰和共模干扰都有抑制作用，但由于电路结构不同，对差模干扰和共模干扰的抑制效果不一样。所以，滤波器的技术指标中有差模插入损耗和共模插入损耗之分。图 5-6 为常用的信号滤波器和电源滤波器及其正确安装方式。

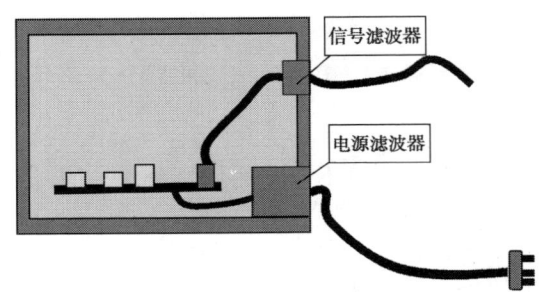

图 5-6　信号滤波器和电源滤波器安装混合接地示意图

四、空间分离

根据电磁场的特性，在近区感应场中，场强分布按 $1/r^3$ 产衰减，远区辐射场的场强分布按 $1/r$ 减小。空间分离是通过加大干扰源和接收设备之间的空间距离，使干扰电磁场在到达接收设备时其强度已衰减到最小限度，实质上是利用电磁场特性来达到抑制电磁干扰的目的。

空间分离的典型应用是在系统布局时把相互容易干扰的设备尽量安排得距离远一些，在布线中，限制平行线间的最小间距。

空间分离的应用还包含在空间有限的情况下，对辐射方向的方位调整和干扰电场矢量和磁场矢量在空间相位的控制。例如在飞机和导弹上有许多通信天线，它们只能安装在机身和机翼的有限范围内，为避免天线相互干扰，常用控制天线的方位角来实现空间分离。再如在电子电气设备内部，为了使电源变压器铁芯泄漏的低频磁场不在 PCB 的回路中产生感应电动势，应该使 PCB 平面与变压器泄漏磁场方向平行。

五、时间分隔

当干扰非常强，不易加以抑制时，通常采用时间分隔的方法，使有用信号传输在干扰信号停止发射的时间内进行。或者当强干扰信号发射时，使易受干扰的敏感设备暂时关闭。人们把这种方法称为时间分隔控制或时间回避控制。主动时间分隔法是按照干扰时间特性与有用信号时间特性的内在规律设计的控制干扰方法。当有用信号出现时间与干扰信号出现时间有确定的先后关系之情况下，采用主动时间分隔方法，如干扰信号出现在 $t_1 \sim t_2$ 时间内，而有用信号在 t_1 时间之前出现，此时应提前发送有用信号或者加快有用信号的传输速度，使有用信号赶在干扰出现之前尽快传输完毕。如果有用信号出现在干扰信号之后，可采用延迟发射电路，让干扰信号通过之后再使有用信发射，这样就可以使接收信号的设备在时间上将干扰信号与有用信号区分开来，达到剔除干扰的目的。

被动时间分隔法是利用干扰信号或有用信号出现的特征使其中某一信号迅速关闭，从而达到时间上不重合、不覆盖的控制要求。如果干扰信号是间发性的，而有用信号出现时间又是不能预先确定的，这样两个信号就不能确定它们的出现时间，只能由其中一个来控制另一个，则使之分隔。例如飞机上的雷达工作时，发射功率很强的电磁波，对于机上其他无线电设备的工作是一个很强的干扰源，为了不使无线电报警装置接收干扰信号而发出警报，可采用被动时间分隔法。由雷达首先发一个封锁脉冲，报警器接收到之后立即将电源关闭，这样雷达工作，报警器就不会发出虚假警报，实现了时间分隔。当雷达关闭后，报警器又重新接通电源恢复工作。

时间分隔方法在许多高精度、高可靠性的系统和设备中经常被采用，例如卫星、宇航空间站、航空母舰、武器装备系统等。它已成为简单、经济而行之有效的控制干扰方法。

六、频率划分和管制

有用信号和干扰信号都是由一定的频率分量组成的，利用系统的频谱特性将需要的频率分量全部接收，将干扰的频率分量加以剔除，这就是利用频率特性来控制电磁干扰的指导思想。在这个原则下形成了很多具体的方法，如频谱管制、频率调制、数字传输、光电传输等方法。

为了防止电磁信号相互干扰，人们把频谱资源进行了分配和管理，这就可以减少有意发射电磁波的相互干扰。例如将频谱分成许多频段，不同用途的电磁波只能在自己的频段内工作和传播。

世界范围内，由国际无线电组织（ITU）规定了频率分配和使用的规则，制定了频率分配表。这个规则划分了 9kHz~300GHz 的频谱范围，规定了广播、航空、航海、固定通信、宇宙通信、探测、天文、科研等 39 种无线业务的频率范围。在全球范围内分配 4~7.5MHz 频率，作为各种专用业务频率，以免电离层反射到全球引起干扰。

每个国家根据国际电信公约和国际无线电规则设立国家级的频谱管理机构，为本国分配管理无线电频谱，在我国则由全国无线电管理委员会负责分配、协调和管理。

频谱管制方法对于无意发射的电磁干扰不适用，因为无意发射的电磁干扰中的干扰频率分量不可能由人工来指定。

七、电气隔离

电气隔离是避免电路中骚扰传导的可靠方法，同时它还能使有用信号正常耦合传递。常见的电隔离耦合方法有机械耦合、电磁耦合、光电耦合。

机械耦合采用的是电气–机械的方法。如继电器将线圈回路和触头控制回路隔离开来，成为两个参数不相关联的回路，实现了电气隔离，然而控制指令却能通过继电器动作从一个回路传递到另一个回路中去。

电磁耦合采用的是电磁感应原理。如变压器由一次电流产生磁通，磁通再产生二次电压使一次回路与二次回路在电气上隔离，而电信号或电能却能由一次传递到二次去，这就使一次回路中的干扰不能由电路直接进入二次回路。隔离变压器除了用在电源中抑制传导干扰外，还在信号传递回路中作耦合和隔离用。

光电耦合是采用半导体光电耦合器件实现的电气隔离方法。由光电耦合器件组成的隔离放大器原理输入信号经运算放大器变成光耦器件发光二极管中的电流变化量，发光二极管将电信号转换成光信号，传递到光电耦合器件的接收部分，光敏三极管的基极使三极管输出电压变化量再经放大器放大成为输出信号，从而实现输入回路与输出回路在电气上完全隔离。

第二节　EMC 预估一般方法

一、EMC 预估概述

电磁兼容预估是一种通过理论计算，对用电设备或系统的电磁兼容程度进行分析评估的方法，通常应用在系统或设备研制的方案设计阶段和工程研制阶段。电磁兼容预估的目的是分析不兼容的薄弱环节，评价系统或设备兼容的安全裕度，为方案修改、防护设计提供依据。在研制、定型之前，通过预先评估发现干扰问题，采取抑制和防护干扰措施，可以收到事半功倍的效果。因此，电磁兼容预估技术是一项具有很高经济效益的工程技术方法。

当系统和设备的功能设计方案初步形成之后，即可根据电磁兼容要求和指标，对方案开展电磁兼容预测分析，进行电磁耦合仿真计算，分析可能存在的干扰源和敏感设备的电磁敏感度，计算干扰程度，发现不兼容问题，并在此基础上进行电磁兼容检验和防护设计。随着研制工程的进展、研究的深入、数据的不断获取和积累，需要反复分析预测。原来在图纸上的设备或组件，随着调试、试验和原理样机的产生，需要用实验数据代替理论数据来重新对系统进行分析评估。因此，预测分析的应用是伴随着电磁兼容设计开展的，贯穿于系统研制的全过程。

二、电磁兼容预估的作用

电磁兼容预测分析软件在电磁兼容工程中的主要作用有以下四方面：

（1）在已知设备电气特性（如干扰源特性、敏感器特性）参数的情况下，预估和分析系统内部所有设备的电磁兼容性和安全性（安全系数）。

（2）当修改某个设备的特性参数（如工作频段或安放方位或信号电缆

走向）时，分析比较电磁干扰的变化。

（3）对各种防护设计进行评估计算。

（4）制定干扰极限和敏感度规范。例如通过设备已知的敏感度值确定其允许所受干扰的极限范围，或者通过计算已知的各种电磁骚扰的综合作用，确定设备应该具有的敏感度极限，从而为设备的设计制定出指标。

在应用电磁兼容预测软件时，设备的电气特性可以根据设计、调试、试验和使用的不同阶段，由以下方法获得：

（1）根据设计数据得到。

（2）可以使用相类似产品的数据代替。

（3）可以根据经验和资料给出。

（4）由实验测量数据给出。

（5）由规范和标准的数据获得。

（6）按照不同的研制阶段，取得需要的数据，即可在不同阶段进行分析计算。

三、干扰预估分析的一般方法

电磁兼容预估的重要特点是：

（1）涉及对象广，从家电、工业电气设备、电子设备到舰船、航空航天用电设备等；

（2）信号频率范围大，从 0 至几十 GHz；

（3）计算对象几何尺寸差异大，从微电子应用到飞机、大型舰船，乃至空间大气层等。

这些特点决定了进行电磁兼容预估算法的多样性、广泛性。通常进行预测有以下途径：

（1）与已有系统进行类比分析。

（2）采用缩小模型。

（3）基于对象模型，采用计算机实现预测。

我们知道，第一种方法必须有类似的系统，且往往忽略了许多因素，导致精度很低；第二种方法应用范围很窄，主要是通信天线系统布局方面，其最大缺点是消耗大量人力、财力，且影响研制周期。在目前产品更新换代越来越快，新产品、新系统不断涌现的情况下，这两种方法，越来越不能适应要求，计算法成为主流预估方法。

电磁干扰预估是系统法设计的核心，EMI 预测在系统内和系统间分别实施，目前，国外已有作为商品出售的各种计算机分析预估程序。对系统进行电磁干扰预测的基本方法是：

（1）分析设计好系统内的主要干扰源、耦合通道和敏感体，并分别建立起数学模型。

（2）选择一个敏感体。

（3）选择一个干扰源。

（4）确定这个干扰源通过所有耦合途径传输到敏感体的能量。

（5）对每个干扰源重复第（4）步。

（6）对每个敏感体重复第（3）、（4）、（5）步。

（7）对输入全部数据进行计算。

（8）系统总体设计人员根据计算结果对有关部位进行方案修改，并重新进行分析预测，直至找出最佳的设计方案。

有了这个基本方法，就可以拟订电磁兼容分析预估方案及计算机程序流程框图。实现这个基本思想的重要基础是建立数学模型。

电磁兼容预估具有涉及领域广、研究对象千差万别、预测方法多种多样等特点。研究领域包括所有存在电子电气设备的场合，这样对电磁兼容预测的分类就变得很复杂，不过可从不同的角度得到相应的分类方法：

（1）按预测对象，可分为印制级预测、部件级预测、分机级预测及系统级预测。

（2）从预估所用方法上，可分为经验法、解析法、数值法；或分为场的方法、路的方法、场路结合的方法等。

一般认为电磁干扰具有复杂性、隐蔽性和随机性，比较难以分析，因此形成了电磁干扰预估无从下手的看法。其实电磁干扰也是有其规律的，尽管影响因素多、电磁场分布描述困难、计算工作量繁杂，但只要将复杂系统分层次、按步骤地分解，就能由大到小、由繁到简地进行计算。其中层次是指系统级–分系统级–设备级–部件级–元件级五层，步骤是指干扰源和敏感器一对一地逐个分析。因此，对一个系统的预估工作，首先必须制订一个划分层次，划分分系统的方案，然后逐层展开，逐项进行，这样就可以有条不紊地深入进展。

第三节　电磁兼容分析和诊断

在一个电磁兼容分析和诊断中，至关重要的是要找到一个快速而经济上合算的调查方法。这个方法应该是经过方法学分析和深思熟虑的。这一点做起来要比讲起来困难得多。特别是处在急于寻求一个迅速解决办法的压力条件下，尤为如此。有时，电磁兼容问题的起因和它的解决办法是显而易见的，所以也只要求极少的预估和诊断性测试。但更多的情况却是问题的直接答案在没有对所要求进行某些分析和测试前是无法很快找到的。一个不正确的方法是同时试着进行若干个无明确目的的修改，以期至少其中之一可以解决问题。经常会有这样的例子，某产品已超过交货期，但是由于电磁兼容问题，其中的一个验收测试或认证测试不合格。由于该产品的技术指标较为苛刻，不允许有任何一个指标超标，也不允许有任何的豁免。但一开始并没有采用系统分析的方法去寻找问题的根源，采用的方法却是对产品的每一个可以想到的方案一个接一个地试探。当然，在这些整改中，其中有些很有可能使产品性能获得某种程度的改善，但往往又被其他的一些反而会使问题恶化的改变所掩盖。经过反反复复的试探和整改，问题得以解决，并能够交货，但因为没有对那些有效果的整改措施进行详细的记录，相同的问题依然存在于后续研发的产品中。虽然这是一个极端的例子，但它足以说明一套系统的分析方法和具有完善文件程序的重要性。更为常见的情况是：若请一位电磁兼容专家可能只需要几周时间就能解决的问题，可能会耗费制造商数月的时间来解决一个相同的问题。况且，专家往往可能会找到更为简便，且花费较少的解决办法。使用正确的系统方法，相关人员在分析和诊断过程中逐步培养按部就班解决问题的良好素质。

值得一提的是，这里还存在着一个所谓的"一揽子"修改方案的观点。这个观点认为，不论存在什么样的问题，通过增加滤波、屏蔽、接地、分隔等方法总能保证问题的解决。但是任何一个实用的屏蔽罩所能获得的屏蔽效果总是存在着一定的限度。或当存在的发射电平可能很高时，以及使用一个不正确的滤波器或一个错误接地方案的选取都可以使问题变得更为严重。不幸的是，系统的分析方法与"一揽子"修改方案相比，它们的优越性往往要通过实践的证实才会被接受。

在电磁兼容问题分析和诊断过程中，将那些不属于电磁兼容问题分析范围的变量数目减至最少是绝对必要的。所以，在没有对移动电缆或改变电路板位置可能会对电磁兼容问题产生的影响进行比较性测量和评估的情况下，不要随意地移动任何电缆或改变电路板的位置。同样，在没有对下述项目的修改前后可能对电磁兼容问题产生的影响进行比较测量和评估的情况下，也不要轻易更改。这些项目包括互换或修改软件、电路、设备电源、安装方法、连接器和电缆类型，以及接地方案或测试方法和测试设备等。

一个典型的方法是：首先通过逐个排除的过程把问题的源以及它的耦合通道隔离出来，辐射和传导耦合往往会同时存在于一个问题中。一个表现为明显的传导耦合，在现实中却同时是一个辐射通道，反之亦然。在调查过程中，每一个测量和修改都必须详细记录在案，并注明由此而造成的电磁干扰电平的任何改变。在案例研究中，读者一定会发现：任何造成问题恶化的修改，同样都会告诉我们为什么一个改变能够导致问题得以改善的缘由。

一个电磁兼容问题分析若是从出现并具有最少电磁兼容问题以及最少超标发射的电路板、电缆和设备着手，往往会较为容易些。一旦在与配置最少相关联情况下的问题（一个源或几个源）和解决办法（或多个解决办法）被找到后，则其他附加的电路、电缆或设备就可以逐个地与其相连接，并通过逐步分段的方法来把问题一个个地找出来。

把单个电路板从设备/系统中取出，并置于测试台上进行测试，往往也是把问题隔离出来和确定电路发射电平和敏感度很有用的办法。测试台的测试在用于电路电平问题被设备的传导和辐射发射电平所掩盖时尤为有效。例如，噪声相对较低的线性电源以及来自一个振荡器/信号发生器的低噪声信号可以在测试台测试中被用来为被测电路提供源。一旦找到了出现问题的源，往往会存在一个或几个解决办法。它们可以是永久性的或仅为暂时被实施的临时性措施。问题的关键是要找到一个能被工艺工程师、质量工程师以及产品工程师都接受的改善方案，因为在他们中，往往总会有人希望根本就不要进行修改！只要有足够的时间，总是可以找到一个被大家都能接受的设备和电路修改方案的。

在实际的电磁兼容问题分析和诊断过程中，当产品出现辐射或传导骚扰问题时，可用近场探头来寻找产品中哪个元件或电路产生了该频率的骚扰，采用近场探头（配合频谱分析仪或示波器使用）对设备的各组件包括电源板、控制板、显示板、各接口、连接电缆进行逐一的筛查，也是迅速进行干扰源精准定位并解决电磁干扰问题的方法。图5-7 为使用近场探头对某电脑主板进行探测及诊断，发现主要干扰源为主板上的 LVDS 芯片及周边电路。

图 5-7　使用近场探头进行诊断图

第四节　电磁兼容设计要点

电磁兼容设计的基本内容是指标分配和功能分块设计。首先，根据有关的标准（国际、国家、企业、特殊标准等）把整体电磁兼容指标逐级分配到各功能块上细化成系统级的、设备级的、电路级的和元件级的指标。然后，按照要实现的功能和电磁兼容指标进行电磁兼容设计。如：按电路或设备要实现的功能，按骚扰源的类型，按骚扰传播的渠道等。具体包括时钟电路设计、防静电设计、防雷设计、防地电位升设计等。在电磁兼容设计中，有许多应用课题要解决，如电磁波的散射、透射、传输、孔缝耦合、绕射理论等在实际问题中的求解问题，各种骚扰源的机理和特性，各种骚扰参数的计算和测试，各种结构的屏蔽效能，各种防护方法、测试方法、选用标准，等等。

目前，我国许多企业几乎不对产品进行电磁兼容设计，只是在市场抽检或申请生产许可证检测时发现了电磁兼容问题，此时才被动地，从防范或补救出发，对产品进行修改，即所谓"测试修改法"，这样必然带来许多困难与浪费，是一种冒险的方法。因为不仅费用高，而且效果差；不但具有盲目性，而且反复次数多、时间长，甚至失败，最终的产品也不是最佳方案。"分层与综合设计法"，即在进行电磁兼容设计时，根据所采取的措施在实现电磁兼容时的重要性的先后顺序，分层依次进行设计。例如，第一层为有源器件的选型和印制电路板设计，第二层为接地设计，这两层是从产品设计的源头根本解决 EMC 问题。第三层为屏蔽设计，第四层为滤波设计和瞬态骚扰抑制设计。并且在每一层进行接地、屏蔽和滤波的综合设计和软件抗骚扰设计。所以，产品的电磁兼容性是靠电磁兼容设计获得的。目前，电子信息产业的行业竞争日益激烈，少数企业为降低成本不惜牺牲产品的电磁兼容性。但是，随着电子产品性能的不断提高，电磁兼容性问题会愈来愈突出，不可回避。例如信息技术设备 CPU 的主频每个月都在增加，总线速度不断加快，板卡速度也在频繁升级，开关电源的广泛使用、开关电源小型化使得开关频率不断增加，显示器的数字化程度越来越高，支持的视频带宽也越来越宽，使这类产品的电磁兼容设计越来越复杂。这个事实更要求我们认真地做好电磁兼容设计。经验证明，只要我们尽早进行电磁兼容设计，成本不会增加太多，根据分层与综合设计法，任何复杂的电磁兼容设计都是可以迎刃而解的。

一、电磁兼容设计的三个原则

电磁兼容技术就是围绕电磁骚扰源、耦合途径、敏感设备三个要素展开的，通过研究每个要素的特点，提出消除每个要素的技术手段，以及这些技术手段在实际工程中的实现方法。在进行产品电磁兼容设计时，有三个重要原则。

原则一：电磁兼容费效比关系规律

电磁兼容设计的费效比综合平衡是设计的重要准则。根据美国贝尔实验室分析论证，在新产品设计开始阶段，把干扰抑制在电路组件级或分系统级，可消除电磁干扰80%～90%。图5-8表示从设计到投产的全过程中电磁兼容措施和成本的关系。在设计的起始阶段，有很多控制措施使干扰得到抑制，同时花费的成本低；随着电子、电气设备研制工作的完成，

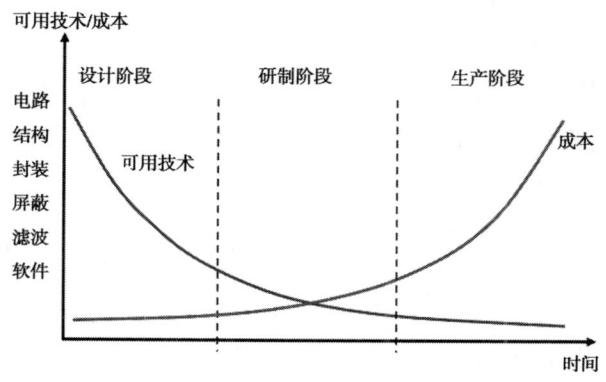

图5-8　电磁兼容费效比关系示意图

可以利用的抗干扰措施的数量减少，而其成本反而增加；如果在产品试制成功后发现干扰，问题就变得困难多了，无论在技术、体积质量、投资的费用上都会成倍增加，使费效比上升，造成很大的浪费。

原则二：高频电流环路面积越大，电磁辐射越严重

电磁辐射大多是设备上的高频电流环路产生的，最恶劣的情况就是天线的开路形式。对应处理方法就是在产品设计时减少高频电流回路面积，尽量消除任何非正常工作需要的等效辐射天线，如不连续的布线或有天线效应的元器件过长的插脚，想方设法减小高频电流环路面积。

原则三：环路电流频率越高，电磁辐射越严重

电磁辐射场强随电流频率的平方成正比增大，减小骚扰源高频电流频率可以降低辐射骚扰或提高射频辐射抗干扰能力。

了解 EMC 电磁兼容三要素和 EMC 设计遵循以上三原则，会使得 EMC 问题变得有规可循。

二、电磁兼容设计方法

由于电子技术的广泛应用，频谱占用日益拥挤，设备布局更加密集，大功率设备和对干扰敏感的精密设备增多，使 EMC 问题越来越严重。实践证明，EMC 是靠周密有效的设计实现的。EMC 测试作为检验和发现电磁干扰问题的技术手段是不可缺少的，然而没有合理周全的 EMC 设计，测试发现了干扰问题也只能是亡羊补牢。因此，产品的 EMC 符合性必须从设计抓起，重视 EMC 设计工作是十分必要的。

EMC 设计的基本方法一般有三种：问题解决法、规范法和系统法。

1. 问题解决法

问题解决法是过去应用较多的方法。它就是在发现产品被检测出问题后进行有针对性的改进，是一种"出现什么问题，解决什么问题"的经验方法。早期，由于电子电器产品工作频率低，工作电压高，产品在实际应用中出现电磁干扰问题的情况极少发生，因此大家在系统或设备研制过程

中，一般不进行 EMC 设计，等到产品试验定型或系统安装完成时，发现有电磁干扰问题，再有针对性地予以解决。这种方法采取"头痛医头，脚痛医脚"的思维方式解决干扰问题，过程中往往需要对设备乃至系统进行拆卸、修补甚至重新加工，既费时又费成本，因此是一种比较落后的解决方法，它是在 EMC 理论不够完善、EMC 设计方法不够系统及 EMC 分析预测尚未形成的历史条件下产生的，曾普遍被采用。由于其针对性比较强，目前它还被部分工程人员所采用。

2. 规范法

规范法即在产品开发阶段就按照有关 EMC 标准规范的要求进行设计，使产品可能出现的问题得到早期解决。该方法以系统和设备遵循的标准所规定的限值为计算基础，进行设计指标的分配。由于各种标准和规范中的限值是以同类系统或设备中最严重情况制定的，因此可能导致具体设备设计过分保守。又由于 EMC 标准和规范在一定程度上反映了系统和设备中存在的共性问题及解决问题的规则，因此该方法对系统或产品的 EMC 设计提供了预见性和综合性，故它比其他问题解决法较为合理和进步。

3. 系统法

系统法是近些年兴起的一种设计方法，它在产品的初始设计阶段对每一个可能影响产品 EMC 的元器件、模块及线路建立数学模型，利用辅助设计工具对其 EMC 进行分析预测和控制分配，从而为整机产品满足要求打下良好的基础。它在系统或设备设计的全过程中贯彻始终，全面综合考虑电磁耦合因素，不断地对各阶段设计进行评估检验和修改，由于运算量较大，因此这种方法常需要借用先进的计算机辅助分析和预测手段。它是近代 EMC 学科研究和发展成就的体现，也是现代科技综合运用的最佳工程设计技术。

当然，无论是规范法还是系统法设计，其有效性都应以最后产品或系统的实际运行情况或检验结果为准则，必要时还需要结合问题解决法才能完成设计目标。

三、电磁兼容设计要点

EMC 设计的内容如下：

（1）分析设备或系统所处的电磁环境和要求，正确选择设计的主攻方向；

（2）精心选择产品所使用的频率，制定 EMC 要求和控制计划；

（3）对元器件、模块、电路采取合理的干扰抑制和防护技术；

（4）EMC 设计的主要参数有限值、安全裕度和费效比。

电磁干扰形成的三要素为电磁骚扰源、耦合途径（或传播通道）、敏感设备。针对形成电磁干扰的三要素，EMC 设计可以分别从抑制电磁骚扰源、切断耦合途径或传播通道（抑制干扰耦合）、提高敏感设备抗扰度这几个方面去努力。

1. 抑制电磁骚扰源

抑制电磁骚扰源的方法有许多，举例如下。

（1）尽量去掉对设备（或系统）工作用处不大的潜在电磁骚扰源，以减少骚扰源数量；

（2）恰当选择元器件和线路的工作模式，尽量使设备工作在特性曲线的线性区域，以使谐波成分降低；

（3）对有用的电磁发射或信号输出也要进行功率限制和频带控制；

（4）合理选择电磁波发射天线的类型和高度，不盲目追求覆盖面积和信号强度；

（5）合理选择电磁脉冲形状，不盲目追求上升时间和幅度；

（6）控制产生电弧放电和电火花，宜选用工作电平低的或有触点保护的开关或继电器，宜选用加工精密的直流电机；

（7）采用良好的线路设计技术，包括接地技术来抑制接地干扰、地环路干扰，并抑制高频噪声。

2. 抑制干扰耦合

抑制干扰耦合主要是指切断耦合途径或传播通道。通过以下方法可以较好地抑制干扰耦合：

（1）把携带电磁噪声的元器件和导线与敏感元器件隔离；

（2）缩短干扰耦合路径的长度，使相应导线尽量短，必要时使用屏蔽线或加屏蔽套；

（3）注意 PCB 布线和结构件的天线效应；对通过电场耦合的辐射，尽量减小电路的阻抗，而对通过磁场耦合的辐射，则尽量增加电路的阻抗；

（4）应用屏蔽等技术隔离或减少辐射途径的电磁骚扰；

（5）应用滤波器、脉冲吸收器、隔离变压器和光糊合器等滤除或减少传学途径的电磁骚扰。

3. 提高敏感设备的抗扰能力

对于骚扰源的各种电磁发射抑制措施，一般也同样适用于敏感设备的保护，即可以采用滤波脉冲吸收、内部屏蔽、隔离技术、内部去耦电路及线路和结构的合理布局等来防止电磁干扰。此外，在设计中应尽量少用低电平器件，不盲目选择高速器件，去掉那些不十分需要的敏感部件，适当控制输入灵敏度等。

四、一般原则

一般实现设备 EMC 的技术方法可分为以下两类。

一是在设备或系统设计时就注意选用相互干扰小的元器件、器件和电路，并在结构上合理布局，以保证元器件等级上的兼容性。

二是采用接地、屏蔽、滤波等技术，降低所产生的骚扰电平，增加骚扰在传播途径上的衰减。

接地属于线路设计的范畴，对产品 EMC 有着至关重要的意义。可以说，合理的接地是最经济有效的 EMC 设计技术。

滤波是抑制传导骚扰最直接有效的办法。另外，由于良好的滤波抑制了骚扰源的泄漏，所以也利于解决辐射骚扰方面的问题。屏蔽是抑制辐射骚扰的有效办法。应用时注意，屏蔽措施经常要与滤波和接地共同使用才能发挥作用。

对于瞬态脉冲骚扰，最有效的办法是使用脉冲吸收技术。

屏蔽可理解为隔离的一种方法，但隔离所包含的内容不止于此，它还包括位置的远离和传导骚扰路径的切断（如使用光耦合器切断地环路骚扰）等。目前，市场上有大量的电磁干扰对策元器件可供选择，使用很方便，但也会增加产品成本。

一个产品若在设计阶段注意选择合理的元器件，并优化线路和结构布局，必要时再加上适当的屏蔽和滤波等措施，那么其 EMC 性能通常不会存在大的问题。

EMC 设计一般可依以下顺序进行：

第一，功能性设计。在方案已经确定的功能电路中，检验 EMC 指标能否满足标准要求，此时若不满足要求，则主要靠修改参数来达到要求，包括修改发射功率、工作频率、接收机灵敏度、重新选择元器件等。

第二，防护性设计。包括滤波、屏蔽、接地与搭接的设计，还包括时间、空间隔离和频率回避等技术措施。

第三，布局性设计。包括对整体布局的检验、电缆布线和分配、孔缝的位置检验和调整、组件和印制板布局方位的检验和调整等。

EMC 具体设计过程如图 5-9 所示，通常电路和设备的 EMC 设计具体包括以下内容：

（1）元器件的选择；

（2）电路的选择；

（3）印制板的设计；

（4）接地和搭接设计；

（5）屏蔽技术的应用；

（6）滤波技术的应用；

（7）电路布局和设备布局；

（8）导线的分类和敷设。

值得注意的是，EMC 设计要采取综合的方法，任何一种单独的措施可能都不会达到理想效果。EMC 的一个基本观点就是既要对骚扰源进行抑制，又要提高敏感设备的抗扰度，不能单纯地强调一个侧面。如果无限制地对某个侧面提出过高要求，则可能导致人力、物力和时间上的浪费，有时甚至难以实现，因而应该站在整个系统的高度，在系统的组织设计初期就考虑 EMC 问题，在设备制造、现场安装及使用维护中加以实施，才能实现整个系统的正常运转。

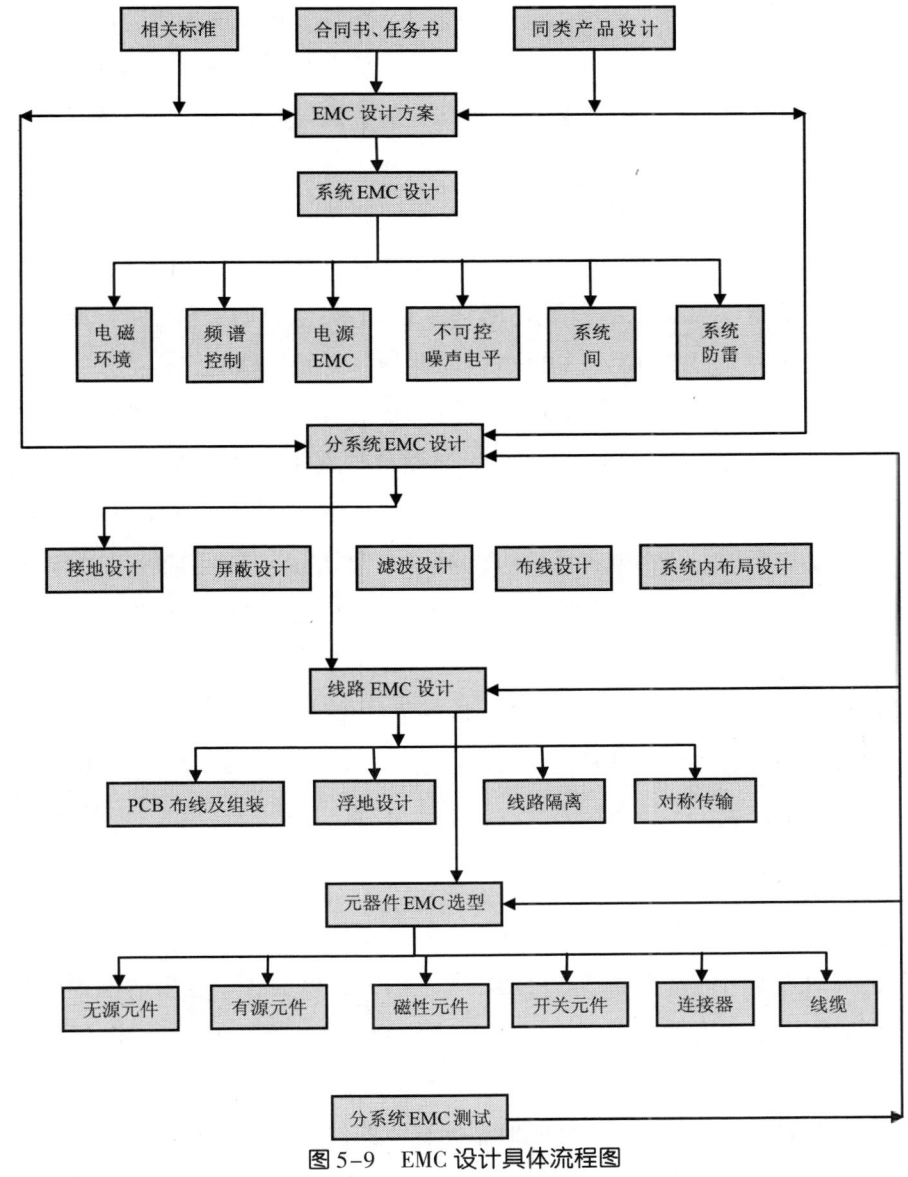

图 5-9　EMC 设计具体流程图

五、常用元器件的选择

对电路中元器件的基本要求是具有满足设计要求的电气特性。然而，受杂散电容、固有电感和电阻等寄生参数及非线性特性的影响，电子器件在不同的频率条件下具有不同的阻抗特性，从而妨碍了电路整体性能的实现。这些参数和特性受器件的材料和结构的影响。同时，一些电子元器件在工作时会产生干扰，或在干扰环境中其性能会受到影响，因此对元器件的性能需要做基本的了解和分析。电路中元器件的合理选用是电子设备实现电磁兼容性的第一步。每一种元件都有其各自特性，元件的选择和电路设计是影响电子设备电磁兼容性能的主要因素，合理选择元件类型和参数，有助于大大提高电路板的电磁兼容性能。对元器件而言，主要关心的参数是频率、信号幅值和阻抗等。有两种基本的电子组件封装结构：有引脚元件直插组件和无引脚元件表面贴装组件。有引脚的组件有寄生效果，尤其在高频时。每个引脚形成了一个小电感，数值大约是 1nH/mm。引脚的末端也能产生一个小电容性效应，对本体为 10mm 长、同轴形状的封装形式，两端之间的电容大约有 4pF。因此，引脚的长度应尽可能地短。与有引脚的组件相比，无引脚且表面贴装的组件其寄生参数要小一些，其典型值为 0.5nH 的寄生电感和约 0.3pF 的终端电容。从电磁兼容性的观点看，表面贴装组件效果最好，其次是放射状引脚组件，最后是具有轴向平行引脚的组件。

1. 电阻的选用

在放大器设计中，电阻的选择是非常重要的，在高频环境下，电阻的阻抗会因为电阻的寄生电感效应而增加。因此，增益控制电阻的位置应该尽可能地靠近放大器电路，以减少电路板的电感。在上拉/下拉电阻的电路中，晶体管或集成电路的快速切换会增加上升时间，为了减小这个影响，所有的偏置电阻必须尽可能地靠近有源器件及其电源和地，从而减少 PCB 连线的电感。在稳压（整流）或参考电路中，直流偏置电阻应尽可能地靠近有源器件以减小去耦效应。在 RC 滤波电路中，线绕电阻的寄生电感很容易引起振荡，所以必须考虑由电阻引发的电感效应。除了电阻元件的寄生参数导致电阻性能的变化外，各类结构的电阻均会产生热噪声，有的还有接触噪声。在要求低噪声水平的电路设计中，需要考虑噪声电压这个因素。线绕电阻的噪声电压非常小，膜电阻的噪声电压约为 $0.1\mu V/V$（即电阻上每施加 1V 的电压就产生 $0.1\mu V$ 的噪声电压）。

2. 电容的选用

在电子电路中，电容器主要起滤波、储能、去耦、旁路和隔直等作用。不同种类的电容，因使用的结构和材料不同，其电容值、频率特性及损耗特性相差很大，这意味着一种类型的电容器会比另一种更适合于某种场合。正因为电容器的种类繁多，性能各异，因此选择合适的电容器并不容易。

（1）电容特性

受电极材料、结构和引线的影响，电容器具有等效串联电阻（Equivalent Series Resistance，ESR）和寄生电感。考虑到寄生电感 L 和 ESR 后，电容器的等效电路如图 5-10 所示。

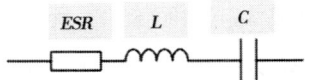

图 5-10　电容元件的等效电路示意图

电容器的自谐振频率为

$$f_o = \frac{1}{2\pi\sqrt{LC}} \tag{5-3}$$

在这个频率点处，电容与寄生电感串联谐振，阻抗互相抵消。图 5-11 为电容器阻抗随频率的变化。在低于自谐振频率时，阻抗随频率增加而降低；在高于自谐振频率时，随着频率的增加，阻抗呈变大的趋势，且阻抗呈感性。因此，电容器的工作频率应低于其自谐振频率。要扩大电容器的应用频率范围，必须减小电容器的寄生电感。

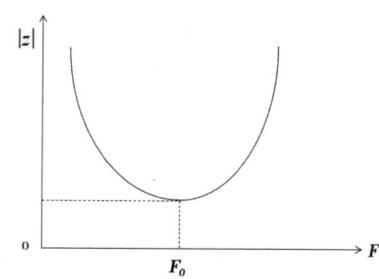

图 5-11　电容器阻抗随频率变化示意图

（2）电容器分类

在结构上，电容器可分为引脚电容器和贴片电容器两种。电容器的引脚电感与其结构和体积有关，这些因素决定了寄生电感的大小。寄生电感存在于电容器的焊接引线之间，它使电容器在超过自谐振频率以上时，具有和电感一样的行为，会使电容器失去原先设定的功能。

根据介质材料的类型，常用的电容器有以下四种：

1）电解电容器：主要有铝电解电容器和钽电解电容器两种。铝电解电容器通常是在绝缘薄膜层之间以螺旋状缠绕金属箔而制成，以在单位体积内得到较大的电容值，但也使内部电感增加，如图 5-12 所示。钽电解电容器的工作介质是在钽金属表面生成的一层极薄的五氧化二钽膜，单位体积内所具有的电容量也很大，如图 5-13 所示。钽电容器的内部感抗低于铝电解电容器，因而其电容的频率特性比铝电解电容器性能好，但也只在较低的频率范围内呈容性。

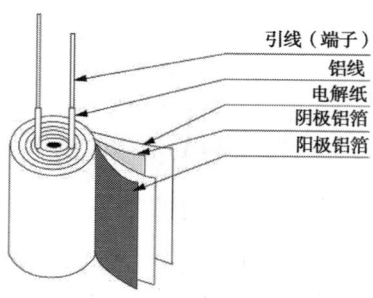

图 5-12　铝电解电容结构示意图

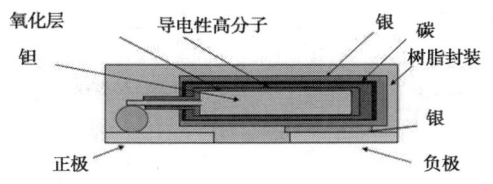

图 5-13　钽电解电容结构示意图

2）纸质电容器：由纸作为绝缘介质和铝箔卷绕而成，其额定电容和电压值范围较广，且其 ESR 比电解电容器小得多，但仍具有较高的寄生电感值。

3）陶瓷电容器：其结构为在陶瓷绝缘体中包含多个平行的金属电极，如图 5-14 所示。其寄生电感主要为电极结构的电感。陶瓷电容器体积小，并且具有极好的高频特性和较小的 ESR，但陶瓷电容器的特性随时间、温度和电压而变，且在瞬态过电压的作用下容易损坏。

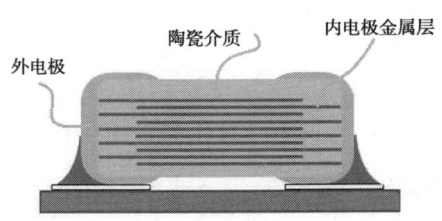

图 5-14　陶瓷电容结构示意图

4）薄膜介质电容器：结构与纸质电容器类似，其绝缘介质为高分子材料薄膜，如聚乙酯、聚丙烯、聚苯乙烯或聚碳酸酯等，其结构如图 5-15 所示。等效串联电阻小，但能量密度很小，一般具有很低的介质损耗和稳定的频率特性。

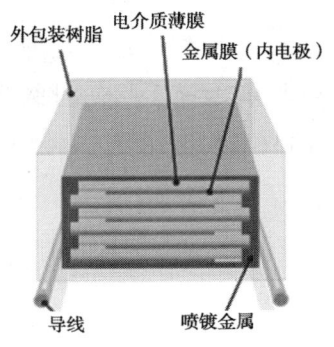

图 5-15　薄膜介质电容器结构示意图

绝缘材料的不同频响特性决定着由其构成电容的频响特性。铝电解电容和钽电解电容适用于低频终端，主要是存储器和低频滤波器领域。在中频范围内（从 kHz 到 MHz），陶瓷电容比较适合，常用于去耦电路和高频滤波。特殊的低损耗陶瓷电容（通常价格比较昂贵）和云母电容（结构与陶瓷电容类似，只是金属箔间的隔离层为云母片），适用于甚高频应用和微波电路。

为了得到最好的 EMC 特性，电容具有低的 ESR 值是很重要的，因为它会对骚扰信号造成大的衰减，特别是在应用频率接近电容谐振频率的场合。

3. 电感的选用

电感是一种可以将磁场和电场联系起来的元件，其固有的可以与磁场相互作用的能力使其比其他元件更为敏感。巧妙地使用电感能够解决许多 EMC 问题。在 EMC 应用中特别使用了两种特殊的电感类型：铁氧体磁珠和铁氧体磁环（见图 5-16）。磁性材料主要有两种，即铁和铁氧体。铁芯电感用于低频场合（几十 kHz），而铁氧体磁芯电感（见图 5-17）用于高频场合（到数 MHz），因此铁氧体磁芯电感更适合于 EMC 应用。铁氧体磁环或磁珠被普遍用于抑制信号线、电源线上的高频干扰和尖峰干扰，另外它还具有吸收静电放电脉冲干扰的能力。铁氧体磁珠是一种单环电感，通常用单股导线穿过铁氧体型材而形成单环。这种器件的优点是低频（一直到数百 kHz）的衰减都很小，高频衰减相对很高，而其缺点是绝对衰减量比较小（典型的为 10dB）。铁氧体磁环的作用与铁氧体磁珠相似，只是内径较大，常用于套在电缆外面，因此可以提供共模和差模干扰信号的衰减。铁氧体夹在高达数十 MHz 的频率范围内的衰减均可达到 10~20dB。

图 5-16 铁氧体磁珠和铁氧体磁环

图 5-17 铁氧体磁芯电感

4. 二极管的选用

二极管是最简单的半导体器件。由于其独特的特性，某些二极管有助于解决并防止与 EMC 相关的一些问题。表 5-1 列出了常见二极管的特性。

对于负载为感性的电路，在高速开关电流的作用下，电流的突变会在电感两端形成瞬态过电压。二极管是抑制瞬态过电压干扰的最有效器件之一。

表 5-1 二极管的特性

类型	特性	EMC 应用	注释
整流二极管	大电流；慢响应；低功耗	无	电源
肖特基二极管	低正向压降；高电流密度；快速反向恢复时间	快速瞬变信号和尖脉冲保护	开关电源
齐纳二极管	反向模式工作；快速反向电压过渡；用于钳位正向电压	ESD 保护；过电压保护；低电容高速信号保护	
发光二极管（LED）	正向工作模式；不受 EMC 影响	无	当 LED 安装在远离 PCB 外的面板上做发光指标时，会产生辐射
瞬态电压抑制二极管（TVS）	类似齐纳二极管工作于雪崩模式；钳位正、负向瞬态电压		
变阻二极管（VDR：电压随电阻变化；MOV：氧化金属变阻器）	覆盖金属的陶瓷粒（每颗粒子的作用如同高压肖特基二极管）	ESD 保护；高压和高瞬时保护	可选齐纳二极管和 TVS

5. 集成电路的封装

集成电路有多种封装结构，对于分离组件，引脚越短，电磁干扰问题越小。因为贴片式器件有更小的安装面积和更低的安装位置，因而有更好的电磁兼容性能，故应首选贴片式器件，甚至可以直接在 PCB 板上安装裸片。集成块的引脚排列也会影响电磁兼容性能。电源线从模块中心连到集成块的引脚越短，它的等效电感越少，因此电源与地之间的去耦电容越近越有效。

6. 线路终端的匹配连接

传输线是指一个适合在两个或多个终端间有效传播电信号或电功率的传输系统，如金属导线、波导、同轴电缆和 PCB 走线。一般地，当传输线路长度大于信号波长的 1/20，或传播时延大于信号上升时间的 1/4 时，传输线需要看成是由分布参数组成的长线。此时，如果传输线终端不匹配，或信号在阻抗不连续的 PCB 走线上传送，由于信号的折、反射，电路就会出现功能性问题和电磁干扰，包括电压下降、振荡等。阻抗失配越严重，反射电压就越高。为较好地保持传输信号的波形，必须考虑将传输线的特性阻抗与信号终端阻抗相匹配，以免引起信号的反射。

对于高速运行的电路，信号源和负载间的阻抗匹配非常重要，因为高频信号的波长很短，即使在同一 PCB 上也必须考虑传输线的阻抗匹配。为了抑制电路中出现的反射干扰，应尽可能缩短印制线的长度，必要时需要进行终端阻抗匹配。

六、PCB 的布局和布线

除了元器件的选择和电路设计之外，良好的 PCB 布局和布线也是实现电子设备电磁兼容性的一个非常重要的因素。

PCB 是所有精密电路设计中往往容易忽略的一种部件。由于很少考虑 PCB 在电路中的电特性，可能使电路发生电磁兼容问题，对电路功能产生有害的影响。如果 PCB 设计得当，它将具有减少干扰和提高抗扰度的优点。

在 PCB 的设计中，主要目的是控制下述指标：

（1）来自 PCB 的辐射；

（2）PCB 电路与设备中其他电路之间的耦合；

（3）PCB 电路对外部干扰的灵敏度；

（4）PCB 上各种电路之间的耦合。

总之，应使电路板上的电路正常实现各自的性能，各部分之间不发生干扰，对外辐射发射和传导发射尽可能低，外来干扰对板上电路不产生影响。

1. **PCB 上布线的寄生参数及影响**

PCB 中的迹线由铜箔制成，存在一定的电阻和电感；同时，由于 PCB 的面积与厚度都很小，因此迹线之间也存在较大的互感和电容。可以推算，在 0.25mm（10mil）厚的碾压板上，位于地线层上方的 0.5mm（20mil）宽、20mm（800mil）长的迹线具有 2.7mΩ 的直流电阻，20nH 的电感，以及与地之间 1.66pF 的耦合电容。将上述数值与元器件的寄生效应相比，这些都是可以忽略不计的，但所有布线的总和可能会超出寄生效应。这些寄生参数将对电路特别是高速电路的运行产生重要的影响，如信号幅值衰减、上升时间变缓等。迹线、电线和电路之间的干扰形式同样表现为共阻抗耦合、感性耦合和容性耦合等传导耦合形式，以及辐射耦合。串音是指干扰能量从一条线路传递到另一条，或多余的信息从一条信道"溢出"到一个相邻的信道。PCB 中的迹线、电线与电缆之间的串音是 PCB 线路中存在的最难克服的问题之一。

2. **布局设计**

布局的好坏将直接影响 PCB 布线的效果。合理的布局首先要考虑 PCB 尺寸大小，PCB 尺寸过大时，印制线条长，阻抗增加，抗噪声能力下降，成本也增加；尺寸过小，则散热不好，且邻近迹线易受干扰。在确定 PCB 的尺寸后，再确定特殊元件的位置。最后，根据电路的功能单元，对电路的全部元器件进行布局。

首先应对板上的元器件进行分组，目的是对 PCB 上的空间进行分割，同组的放在一起，以便在空间上保证各组的器件不至于相互干扰。一般先按使用电压进行分组，再按数字与模拟、高速与低速，以及电流大小进一步分组。不兼容的器件要相互分开，如发热器件远离关键集成电路、磁性组件要屏蔽、敏感器件则应远离 CPU 时钟发生器等。

在电子设备中，数字电路、模拟电路及电源电路的组件布局和布线特点各不相同，它们产生的干扰及抑制干扰的方法也不相同。此外，高频、低频电路由于频率不同，其干扰及抑制方法也不相同。所以在组件布局时，应该将数字电路、模拟电路和电源电路分别放置，将高频电路和低频电路分开。

在元器件布局方面，应把相互有关的器件尽量靠近放置，以获得较好的抗干扰效果。组件在 PCB 上排列的位置要充分考虑抗电磁干扰问题，各部件之间的引线要尽量短。

根据电路的功能单元对电路的全部元器件进行布局时，要符合以下原则：

（1）按照电路的流程安排各个功能电路单元的位置，使布局便于信号流通，并使信号尽可能保持一定的方向。

（2）以每个功能电路的核心元件为中心，围绕它来进行布局。元器件应均匀、整齐、紧凑地排列在 PCB 板上，尽量缩短和减少各元器件之间的引线和连接。

（3）在高频下工作的电路，要考虑元器件之间的分布参数。一般电路应尽可能使元器件平行排列。

（4）尽可能地减小环路面积，以抑制辐射干扰。

3. 布线设计

由于 PCB 上的电子器件密度越来越大，走线越来越窄，信号的频率越来越高，不可避免地会引入电磁干扰。PCB 布线设计的目的是使板上各部分电路之间没有互相干扰，并使 PCB 的传导发射和辐射发射尽可能降低。

4. 布线原则

PCB 布线没有严格的规定，也没有能覆盖所有 PCB 布线的专门规则。大多数 PCB 布线受限于板子的大小和铜板的层数。一些布线技术可以应用于一种电路，却不能用于另外一种。然而，还是有一些普遍的规则可以作为普遍指导方针来对待。PCB 布线的一般原则是：

（1）增大走线的间距以减少电感耦合和电容耦合的干扰；
（2）平行地布电源线和地线以使 PCB 去耦电容达到最佳；
（3）将敏感的高频线布在远离高噪声电源线的地方；
（4）加宽电源线和地线，以减少电源线和地线的阻抗。

参考文献

白同云,2007.电磁兼容设计实践［M］.北京:中国电力出版社.

林福昌,2009.电磁兼容原理及应用［M］.北京:机械工业出版社.

朱文立,等,2015.电子电器产品电磁兼容质量控制及设计［M］.北京:电子工业出版.

周旭,2007.电磁兼容基础及工程应用［M］.北京:中国电力出版社.